水产养殖业绿色发展技术丛书

紫菜
绿色高效养殖
技术与实例

农业农村部渔业渔政管理局　**组编**
谢潮添　陆勤勤　**主编**

ZICAI
LÜSE GAOXIAO YANGZHI
JISHU YU SHILI

U0246363

中国农业出版社
北　京

丛书编委会

本书编委会

主　编：谢潮添　陆勤勤

编　委：（按姓氏笔画排序）

王文磊　邓银银　田翠翠　许　凯

许广平　纪德华　杨立恩　陈昌生

周　伟　胡传明　徐　燕

丛书序

2019 年，经国务院批准，农业农村部等 10 部委联合印发了《关于加快推进水产养殖业绿色发展的若干意见》（以下简称《意见》），围绕加强科学布局、转变养殖方式、改善养殖环境、强化生产监管、拓宽发展空间、加强政策支持及落实保障措施等方面作出全面部署，对水产养殖业转型升级具有重大意义。

随着人们生活水平的提高，目前我国渔业的主要矛盾已经转化为人民对优质水产品和优美水域生态环境的需求，与水产品供给结构性矛盾突出与渔业对资源环境的过度利用之间的矛盾。在这种形势背景下，树立"大粮食观"，贯彻落实《意见》，坚持质量优先、市场导向、创新驱动、以法治渔四大原则，走绿色发展道路，是我国迈进水产养殖强国之列的必然选择。

"绿水青山就是金山银山"，向绿色发展前进，要靠技术转型与升级。为贯彻落实《意见》，推行生态健康绿色养殖，尤其针对养殖规模大、覆盖面广、产量产值高、综合效益好、市场前景广阔的水产养殖品种，率先开展绿色养殖技术推广，使水产养殖绿色发展理念深入人心，农业农村部渔业渔政管理局与中国农业出版社共同组织策划，组建了由院士领衔的高水平编委会，依托国家现代农业产业技术体系、全国水产技术推广总站、中国水产学会等组织和单位，遴选重要的水产养殖品种，邀请产业上下游的高校、科研院所、推广机构以及企业的相关专家和技术人员编写了这套"水产养殖业绿色发展技术丛书"，宣传推广绿色养殖技术与模式，以促进渔业转型升级，保障重要水产品有效供给和促进渔民持续增收。

这套丛书基本涵盖了当前国家水产养殖主导品种和主推技术，围绕《意见》精神，着重介绍养殖品种相关的节能减排、集约高效、立体生态、种养结合、盐碱水域资源开发利用、深远海养殖等绿色养殖技术。丛书具有四大特色：

突出实用技术，倡导绿色理念。丛书的撰写以"技术＋模式＋案例"为主线，技术嵌入模式，模式改良技术，颠覆传统粗放、简陋的养殖方式，介绍实用易学、可操作性强、低碳环保的养殖技术，倡导水产养殖绿色发展理念。

图文并茂，融合多媒体出版。在内容表现形式和手法上全面创新，在语言通俗易懂、深入浅出的基础上，通过"插视"和"插图"立体、直观地展示关键技术和环节，将丰富的图片、文档、视频、音频等融合到书中，读者可通过手机扫二维码观看视频，轻松学技术、长知识。

品种齐全，适用面广。丛书遴选的养殖品种养殖规模大、覆盖范围广，涵盖国家主推的海、淡水主要养殖品种，涉及稻渔综合种养、盐碱地渔农综合利用、池塘工程化养殖、工厂化循环水养殖、鱼菜共生、尾水处理、深远海网箱养殖、集装箱养鱼等多种国家主推的绿色模式和技术，适用面广。

以案说法，产销兼顾。丛书不但介绍了绿色养殖实用技术，还通过案例总结全国各地先进的管理和营销经验，为养殖者通过绿色养殖和科学经营实现致富增收提供参考借鉴。

　　本套丛书在编写上注重理念与技术结合、模式与案例并举、力求从理念到行动、从基础到应用、从技术原理到实施案例、从方法手段到实施效果，以深入浅出、通俗易懂、图文并茂的方式系统展开介绍，使"绿色发展"理念深入人心、成为共识。丛书不仅可以作为一线渔民养殖指导手册，还可作为渔技员、水产技术员等培训用书。

　　希望这套丛书的出版能够为我国水产养殖业的绿色发展作出积极贡献！

农业农村部渔业渔政管理局局长：

2021 年 11 月

前　言　FOREWORD

　　紫菜味道鲜美，是一种中国、日本、韩国和东南亚各国人民十分喜爱的食用藻类，在中国已有1 000多年的食用历史。20世纪50年代，我国藻类学家曾呈奎和张德瑞、日本的藻类学家黑木宗尚等几乎同时在实验室内完成紫菜生活史的研究，由此开启了紫菜人工育苗和养殖的大门。随后几十年，我国的藻类学家先后开展了紫菜自然附苗、筏式养殖、丝状体促熟、壳孢子促放和附着、冷藏网、体细胞育苗、诱变和杂交育种等研究工作，并在这些工作的基础上，建立了紫菜育种、全人工育苗和海上养殖管理的完整技术流程，使得我国的紫菜养殖产业取得了跨越式发展。当前，坛紫菜和条斑紫菜分别以南北方沿海作为主产区的格局基本形成，产业配套趋于完善，一大批龙头企业、骨干企业迅速壮大，对产业发展的引领作用日益增强，逐步形成了我国规模巨大的紫菜人工养殖产业。至2019年，我国紫菜养殖产业规模达7.48万公顷，年产量21.23万吨（中国渔业统计年鉴，2020），位居世界首位。

　　21世纪以来，紫菜养殖产业继续快速发展，选育出了多个具有高产、耐高温、优质等经济性状的紫菜新品种，并进行了大面积的养殖示范和推广应用，为紫菜产业从业人员带来了可观的收入。但是，在与紫菜育苗和养殖企业长期合作以及和养

1

紫菜 绿色高效养殖技术与实例 >>>

殖户的长期接触中，笔者发现紫菜绿色高效养殖技术并未在育苗企业和养殖户中普及，也缺少一本可供从业人员学习的紫菜养殖技术指导书。当前，我国经济发展正在朝绿色发展全面转型，发展紫菜绿色高效养殖恰逢其时。为此，在农业农村部渔业渔政管理局和中国农业出版社的组织下，笔者编撰了《紫菜绿色高效养殖技术与实例》一书，以图文并茂的形式对我国目前养殖面积最大的两个紫菜品种（坛紫菜和条斑紫菜）的养殖技术进行了详细介绍。希望本书的出版能让广大读者和产业人员更直观地了解和掌握紫菜养殖技术。

本书第一部分"坛紫菜绿色高效养殖技术与实例"由集美大学的谢潮添教授团队组织撰写，第二部分"条斑紫菜绿色高效养殖技术与实例"由江苏省水产研究所陆勤勤研究员团队组织撰写。本书的编写还得到了中国科学院海洋研究所逢少军研究员、王广策研究员，中国海洋大学刘涛教授、茅云翔教授，宁波大学骆其君教授，汕头大学陈伟洲教授等的关心和指导，在此一并表示感谢。本书出版得到了国家重点研发计划"蓝色粮仓"项目和现代农业（藻类）产业技术体系项目的支持，特此感谢。

编者
2021 年 6 月

目 录 CONTENTS

第一部分 坛紫菜绿色高效养殖技术与实例

第一章 坛紫菜概述

一、经济和生态价值

　　紫菜味道鲜美，是中国、日本、韩国等国人民十分喜爱的一种食用藻类。中国已有1 000多年的紫菜食用历史。公元533—544年，北魏贾思勰在其著作的《齐民要术》第十卷中引用《吴郡缘海记》记载的"吴都海边诸山，悉生紫菜"，并且提到了油煎紫菜和紫菜汤的烹饪方法。隋唐时期，孟诜在《食疗本草》一书中指出："紫菜生南海中，正青色，附石，取而干之则紫色。"据《平潭县志》记载，宋代太平兴国三年，紫菜被列为贡品上贡朝廷。而明代医学家李时珍在《本草纲目》中记载："紫菜，闽、越海边悉有之，大叶而薄，彼人掇成饼状，晒干货之，其色正紫，亦石衣之属也。"这是最早的记录福建渔民收获并贩卖紫菜的文献。以上文献记载的紫菜均为我国特有的暖温性种类——坛紫菜（彩图1）。

　　坛紫菜营养价值极高，主要成分为糖类和蛋白质，脂肪含量极低。坛紫菜干品的蛋白质含量可达30％以上，在大型海藻中位居首位，远高于一般的蔬菜，并且富含人体所必需的全部氨基酸，呈味氨基酸含量高，且氨基酸比例均衡合适，接近联合国粮食及农业组织（FAO）提出的理想蛋白质氨基酸的含量比例；坛紫菜还富含牛磺酸、胡萝卜素、维生素B_2、维生素B_{12}、维生素C，以及矿物质碘、钙和铁等，为其他食品所不及。总之，坛紫菜是一种高蛋白、低热量、低胆固醇、维生素和矿物质丰富、老少皆宜的"全营养健康食品"。当前，坛紫菜养殖过程不使用任何农药、化肥和抗生素等物质，其营养物质完全源自天然海洋，是一种"绿色""生态"的有机食品。根据食用习惯和加工要求，坛紫菜目前主要加工成各种汤料食品（彩图2）和即食休闲食品（彩图3），在国内广泛销售，并已进军国际市场，出口东南亚和欧美等地。

坛紫菜还具有广泛的医用和保健价值，我国利用其作为药物的历史源远流长。李时珍在《本草纲目》中提到紫菜"主治热气，瘿结积块之症"。此外，利用坛紫菜作为工业原料提取的琼胶，在医药、食品和化工上有着广泛的用途。目前，用于提取琼胶的主要是末水坛紫菜，其藻体生长期长，质地硬，口感差，不适合食用，产琼胶率一般为12%～17%，色白，胶凝性好。琼胶，又称琼脂、冻粉、燕菜，是一种极有经济价值的多糖。从坛紫菜中提取出来的琼胶既可作为工业原料，也可用于生物技术研究，作为微生物和细胞的培养基及固定基质，或者作为亲和吸附剂，用于分离核酸，纯化蛋白质、酶等，还可用来做免疫亲和色谱，进行血液灌注。此外，还可以从坛紫菜中提取相关成分制备防晒化妆品，其护肤、抗紫外线效果超过同类产品。

在海洋中，坛紫菜是初级生产者，可以通过光合作用吸收利用海水中的无机碳（HCO_3^-和CO_2），将其转化为有机碳并释放出氧气，从而在海洋碳循环系统中发挥重要作用：一方面，有利于大气中的CO_2向海水中扩散，间接地减少大气中的CO_2；另一方面，伴随坛紫菜的收获，大量的碳、氮、磷直接从海水中移出，这势必会增加养殖海区及邻近海区的海洋碳汇强度。坛紫菜的生长还需大量吸收利用水体中的氮和磷。因此，在其生长过程中，坛紫菜可以显著降低海区的富营养化程度，进而防止赤潮的发生。2018年，我国的坛紫菜养殖总面积约3万公顷，如此规模的生态绿色养殖，其生态学意义还有待于进一步评估。坛紫菜的碳、氮和磷含量分别约为35%、4.5%和0.5%。按我国年产坛紫菜干品约11万吨估计，坛紫菜养殖每年从近海移出约3.9万吨碳、0.5万吨氮和0.06万吨磷。随着研究的进一步深入，水产专家将会对坛紫菜的生态效应和在近海碳循环中的角色做出更准确的定量分析。

二、产业发展历史、现状和前景

我国劳动人民利用和养殖坛紫菜已经有相当长的历史了，积累了丰富的生产经验，最原始的方法是采用简单的工具清除或火把烧除的方法，清除岩礁上的杂藻和野贝来增殖坛紫菜，但这种方法只能清除大的杂藻和野贝，小的藻类仍可生长并影响坛紫菜壳孢子附着，坛紫菜产量提高幅度不大。300~400年前，在福建平潭发展出了用石灰水处理岩礁的杂藻、野贝来增殖坛紫菜的方法，就是用石灰水把岩礁上生长的藻类、贝类杀死，给坛紫菜壳孢子的附着提供良好的生长基，进而提高产量，这种方法今称"菜坛养殖"。这一方法后来传至福建莆田、东山和广东汕头等地，直至20世纪60年代，坛紫菜养殖一直沿用这种传统方法。当时坛紫菜生活史的研究进展尚未用于指导生产，劳动人民依靠在长期生产实践中积累的丰富经验，在特定季节通过人工处理岩礁而提高自然壳孢子的附着面积，这虽然有一定的科学性，但在很大程度上仍然是靠天吃饭。紫菜种子（壳孢子）的来源依然没解决，制约了坛紫菜生产的发展。

1949年，英国的藻类学家Drew发现了壳斑藻是紫菜果孢子萌发的产物。随后，我国藻类学家曾呈奎和张德瑞、日本的藻类学家黑木宗尚在20世纪50年代几乎同时在实验室内完成了紫菜生活史的研究，开启了现代紫菜人工育苗和养殖的大门，并逐步形成了规模巨大的紫菜人工养殖产业。1950—1958年，浙江、福建和广东等省开展了以自然附苗为主的试验，创造了半浮动筏式养殖坛紫菜的方法。1964年，由国家科学技术委员会水产组和水产部领导成立了"紫菜歼灭战小组"，组织了黄海水产研究所、中国科学院海洋研究所、福建省水产科学研究所、福建省晋江紫菜试验场等12个单位的科研人员参加研究试验。"紫菜歼灭战小组"于1964—1969年在福建沿海开展了坛紫菜人工育苗与养殖的攻关试验研究，主要进行了野生紫菜的生态调查、丝状体生长发育与环境的关系，以及壳孢子成熟、放散和附着等生态学的系统研究，解决了坛紫菜丝状体大面积培养、叶状体半人工与全人工采苗养殖的整套技术措施，将坛紫菜的苗种生产提高到了全人工控制的水平。随着相关技术的逐渐成熟，在我国南方沿海地区形成了大批量育苗室网点，同时将菜坛式附礁生产推进到半浮动筏式生产，扩大了可养水域，取得了坛紫菜半人工与全人工育苗、养殖的成功。紫菜全人工育苗的成功，使得坛紫菜的规模化养殖（彩图4）在福建、浙江和广东沿海迅速推广，到20世纪80—90年代，福建沿海养殖面积比70年代翻了10倍以上。随着新技术手段的不断引入，21世纪初，坛紫菜养殖业进一步快速发展，特别是坛紫菜人工丝状体培育和采苗、体细胞育苗、固定桩悬浮式养殖、半浮动筏式养殖、冷藏网等技术的出现和发展，以及坛紫菜良种的不断选育，确立了我国坛紫菜高产、优质、高效的产业基础。

总的来看，从20世纪60年代全人工育苗和半浮动筏式养殖技术取得成功以来，坛紫菜生产经历了为沿海居民提供就业途径、保障从业区域民众生活的初步开发阶段，提高从业区域经济发展水平、丰富优良海洋食品供应、调整农（渔）业生产结构等的发展阶段，直至进入当今发展沿海特色产业、增加出口创汇、建设具有现代沿海农（渔）业特点的链式产业发展时期。目前，我国坛紫菜产区主要分布在福建、浙江南部和广东沿海，年养殖面积约3.2万公顷，干品年产量超过14.3万吨，占全国紫菜总产量的75%以上（《2019中国渔业统计年鉴》）。近年来，坛紫菜在江苏沿海的养殖面积也呈逐年扩大的趋势。据不完全统计，2018年江苏沿海的坛紫菜养殖面积近5万亩*。经过近半个世纪的发展，我国已经形成苗种培育、海区养殖、加工、贸易配套齐全的产业，仅福建省2016年整个坛紫菜产业链的总产值就接近100亿元，从事坛紫菜生产的人员超过10万人。21世纪以来，伴随着新品种和养殖新技术的推广应用，我国的坛紫菜产业快速发展，取得了令人瞩目的成

---

　　* 亩为非法定计量单位，1亩=1/15公顷，下同。——编者注

绩，但目前产业链中仍然存在野生资源遭到严重破坏、良种覆盖率低、养殖生产无序、生产技术水平落后、加工粗放、产品单一、能耗高等诸多问题，还有很大的提升空间。

第二章 坛紫菜生物学特性

一、分类地位

紫菜的分类源于 18 世纪，1753 年瑞典科学家林奈把紫菜等具有薄叶状体的藻体统归于石莼属（*Ulva*）。直至 1824 年，Agardh 正式将其定为紫菜属（*Pophyra* C. Ag.），属于红藻门（Rhodophyta）、红藻纲（Phodophyceae）、红毛菜目（Bangiales）、红毛菜科（Bangiacea），并沿用至今。而最近，结合形态学上的特征和分子生物学证据，国际上进一步将原来的紫菜属重新划分为 8 个属。坛紫菜（*Porphyra haitanensis* Chang et Zheng）属于紫菜属（*Pyropia*）。

紫菜分布于全球，从南半球到北半球，从热带到寒带均有分布。据不完全统计，世界上分布的紫菜，被确认为肯定存在的已超过 110 种，我国有记载的紫菜物种或变种近 30 个，北起辽宁，南至海南岛均有紫菜种类分布，其中主要养殖种类是北方的条斑紫菜（*Pyropia yezoensis*）和南方的坛紫菜（*Pyropia haitanensis*）。坛紫菜原产于福建沿海，是我国特有的暖温性种类，长期被误称为长紫菜（*Pyropia dentata*）。直至 1959 年，张德瑞等在福建平潭岛等地调研时，经过仔细比较才将其与长紫菜区分开来，确定为一个新种，并正式定名为坛紫菜。坛紫菜在精子囊和果孢子囊的分裂式、藻体厚薄、色泽等方面与长紫菜存在显著差异。

二、形态结构

坛紫菜的生活史包括大型的叶状体（thallus）世代（配子体）

和微型的丝状体世代（孢子体）。叶状体就是我们常见的紫菜商品的原料，是由成熟丝状体放散出来的壳孢子萌发、生长发育而成的膜状物。丝状体是由雌性叶状体受精后放散果孢子萌发，生长发育形成的树枝状藻丝。自然界中丝状体多钻入贝壳中生长，所以又称作壳斑藻。丝状体耐高温，能自然度过夏秋高温期，秋末成熟时放出壳孢子，萌发成长为叶状体，叶状体在秋末、冬、春初低温下生长。

（一）叶状体的形态结构

坛紫菜叶状体为薄膜状（彩图5），单层细胞结构，大体上可分为叶片、柄和固着器3部分。

1. 叶片

坛紫菜叶片（通常又称之为"藻体"）的形态一般呈披针形、亚披针形或长卵形，边缘细胞具锯齿，基部较宽，为心脏形，少数为圆形或脐形（图2-1）。但叶片形状并不是固定不变的，易受环境条件的影响而发生变异。生长在自然海礁上的野生坛紫菜长度一般为12~18厘米，少数成体叶片能长到30厘米以上，而人工养殖的坛紫菜长度可达1~2米，个别可达4米以上，宽度一般为3~5厘米，有的达8厘米以上。

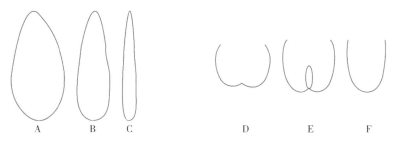

图 2-1　坛紫菜藻体形状及基部模式图
A. 长卵形　B. 亚披针形　C. 披针形　D. 心脏形　E. 脐形　F. 圆形
（仿《海藻栽培学》，1985）

一般幼小的坛紫菜藻体颜色呈浅粉红色，以后逐渐转化为深紫色，衰老后则逐渐转为紫黄色。紫菜的色泽主要由藻体中含有的藻红蛋白（r-phycoerythrin，RPE）、藻蓝蛋白（r-phycocyanin，RPC）和叶绿素 a（chlorophyll a，Chl a）的含量及组成比例所决定，不同的含量和组成比例会产生不同的藻体颜色（彩图 6），商品紫菜饼的质量好坏也主要取决于这三者的含量高低。除了遗传因素外，藻体颜色也会随着环境的变化而发生改变，肥水区生长的坛紫菜颜色鲜艳、具有光泽；贫瘠海区生长的坛紫菜则色浅而带黄绿，缺少光泽。

坛紫菜叶状体由单层细胞构成（彩图 7），外被胶质膜，一般厚 40～110 微米，人工选育的薄叶品系厚度可低至 30 微米左右，但同一株藻体的不同部位，厚度也有差异。一般来说，藻体基部最厚，随着藻体延伸逐渐变薄，尖端最薄，叶片中央比边缘略厚；随着采收次数的增加，藻体胶质膜明显变厚（彩图 7）。

2. 柄

柄是叶片基部与固着器之间的部分，由根丝细胞集聚而成。坛紫菜的柄通常退化而不明显。

3. 固着器

坛紫菜的固着器由基部细胞延伸出的根丝（彩图 8）集合而成，借以固着在生长基上。根丝无色透明，无横隔膜，分枝或不分枝，末端膨大。

（二）丝状体的形态结构

坛紫菜雌性藻体成熟后边缘营养细胞发育成为生殖细胞，即果胞，果胞受精后细胞多次分裂形成果孢子（carpospore），果孢子放散后萌发而成的一种纤细藻丝就是丝状体。丝状体很小，直径只有 2～16 微米，只有形成藻丝交错的藻落时肉眼才能观察到。丝状体在形态、构造、繁殖以及生态方面都与叶状体有着很大的区别；在不同的生长发育时期，丝状体形态和生理生化也有明显的差别，对外界条件的要求也有所不同（图 2-2）。根据不同阶段的形态特点，通常将丝状体阶段分为 5 个时期，即果孢子萌发期、丝状藻丝期、孢子囊枝形成期、壳孢子囊枝形成期和壳孢子放散期（表 2-1）。

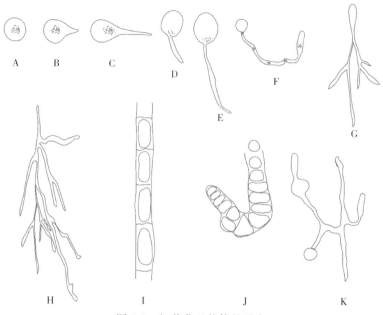

图 2-2 坛紫菜丝状体的形态

A. 果孢子 B~F. 果孢子萌发 G、H. 丝状藻丝 I. 壳孢子囊枝细胞 J. 壳孢子形成和放散 K. 不定形细胞

表 2-1 坛紫菜丝状体不同发育阶段形态结构比较

发育阶段	形状	细胞长、宽(微米)	长宽比	色素体形状	颜色
果孢子期	圆球形	10~13	—	星状	—
丝状藻丝期	细圆柱形	10~50、2~5	(5~10)：1	侧生带状	鲜红色
孢子囊枝形成期	长圆柱形	20~30、11~16	(2~3)：1	星状	深红色
壳孢子囊枝形成期	扁椭圆形	11~15	—	弥散状	土黄色
壳孢子放散期	圆球形	10~13	—	星状	—

1. 果孢子萌发期

坛紫菜雌性叶状体成熟受精后形成果孢子囊，果孢子囊成熟后，果孢子便从囊中排出，散落到大海中去。刚放散出的果孢子为球形（图 2-3），直径 10～13 微米，颜色深红，具有星状或弥散状色素体，无细胞壁，具有溶解碳酸钙的特殊能力。果孢子没有纤毛，无游动能力，但是可以做轻微的变形运动，由于密度大于海水，在静置的海水中会自然下沉，遇到软体动物的贝壳便可以附着在壳面上，伸出萌发管，细胞内的原生质体逐渐融入管内，细胞膜残留在壳外，果孢子进入贝壳后向四周蔓延生长，形成丝状藻丝，这就是果孢子的萌发。果孢子还可以附着在玻璃或塑料的表面生长形成丝状体，也可以悬浮在海水中培养，只要环境条件适宜，这些生长的丝状体均能正常生长发育，这类丝状体称为"自由丝状体"。

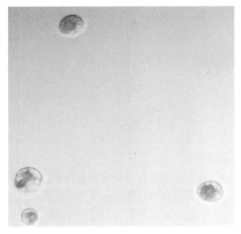

图 2-3　坛紫菜果孢子

2. 丝状藻丝期

坛紫菜的丝状藻丝（彩图 9）与其他紫菜的丝状藻丝从形态上看基本一致，外表上看不出有明显的差别，一般都有不规则的弯曲与分枝，细胞的粗细长短很不一致，粗的直径可达 5～6 微米，细的只有 2 微米左右，长的可达 50 微米，短的只有 10 微米左右。在

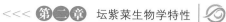

光学显微镜下观察，丝状藻丝的色素体侧生成带状，有 1 个中生液泡，1 个细胞核，丝状体细胞之间有孔状联系。随着生长时期的不同，丝状藻丝部分分枝的细胞会逐渐增大，变成纺锤形或不定形。这两种细胞尽管在形状和宽度上相差很多，但其横壁一般都比较狭窄，有时为细胞中部直径的 1/3 以上。有时还能在细胞与细胞之间的横壁上见到孔状联系，色素体多呈带状或不规则的块状，有时几乎充满了整个细胞的内腔，好像色素体弥散在整个细胞。

1 个果孢子可以通过萌发生长而形成 1 个藻落，藻落的形态与颜色因种类不同而异，有时因环境条件不同也会有所不同。有的藻落成疏松一团，有的成小簇状，有的分枝少，有的分枝繁密，颜色因种类不同而呈深红、浅红、深蓝或黑紫色（彩图 10）。颜色的变化常与光线、营养盐有关。紫菜的丝状藻丝阶段可以通过营养繁殖不断增加生物量，这对种质保存、扩繁和自由丝状体育苗具有重要意义，可以通过组织粉碎机将坛紫菜自由丝状体粉碎直接进行增殖。

3. 孢子囊枝形成期

孢子囊枝又称膨大藻丝（彩图 11）。随着丝状藻丝的生长，部分细胞直径逐渐变大，由原来的 2～6 微米增大到 10～16 微米，长度可达 20 微米以上，在光学显微镜下观察，细胞呈现长方形，色素体由原来的浅色带状转化为深红色星形，这种色素体的变化可作为孢子囊枝形成的标志。孢子囊枝的细胞壁厚而且有隆起，细胞之间也具有孔状联系。未成熟的孢子囊枝长可为宽的 2～3 倍，在适宜的条件下，孢子囊枝不断增殖，细胞逐渐变宽、变短、变小，细胞的长度逐渐等于宽度，这时丝状藻丝就开始向孢子囊枝转化，接近成熟。

自然条件下，坛紫菜孢子囊枝通常在夏末初秋形成，一般先在丝状藻丝的侧枝形成膨大细胞分枝，即膨大藻丝。早期的孢子囊枝只有几个或十几个细胞单行排列，比较成熟的孢子囊枝可有十几个至数十个，甚至百个以上的细胞呈不规则的分枝。膨大细胞各具单一星状色素体，色素体中央有一蛋白核，在形态上与叶状体的色素体无明显差异。孢子囊枝细胞形成温度为 23～30℃，最适温度为 25～28℃，低于 21℃ 不形成，温度高于 31℃ 时，部分藻丝开始死亡。

4. 壳孢子囊枝形成期

当孢子囊枝发育到一定阶段，细胞变粗、变短，细胞的长宽比由原来的长大于宽转为长宽相等，条件适宜时，大部分粗、短的孢子囊枝细胞开始分裂，形成 2 个或 4 个壳孢子（绝大多数为双分细胞），故这一时期又常称为双分孢子期或壳孢子囊枝期（彩图 12）。形成的双分细胞内星状色素体颜色更加鲜艳，逐渐集中于细胞中央，呈不规则状。这一时期的壳孢子囊枝会伸出贝壳外，呈一层薄薄的"绒毛状"（图 2-4），伸出壳面的壳孢子囊枝细胞形状细长，有较淡的星状色素体，基部一分为二。"绒毛"形成是坛紫菜壳孢子囊枝成熟的标志，意味着可以开始进行壳孢子的放散。

自然界中，坛紫菜壳孢子的形成一般发生在秋季水温下降时期，形成温度为 20～30℃，适宜温度为 25～28℃，而以 27～28℃时形成量最多。坛紫菜壳孢子囊枝要求在 12 小时以内的短光照中形成，500～1 000 勒克斯的弱光照度有利于其形成。

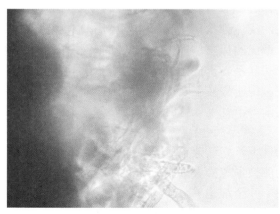

图 2-4 贝壳表面的丝状体"绒毛"

5. 壳孢子放散期

双分孢子形成后，膨大藻丝的细胞横壁融解消失，壳孢子枝顶端的细胞壁融解形成不定形的放散孔。当条件适宜时，壳孢子由接近贝壳面的囊管破口逸出（彩图 13），随海水漂流，一旦触到适合附着的基质，便立即附着，并做短时间的变形运动后固着。固着后，略呈倒梨形，两极分化而萌发，经不断分裂长成叶状体。

壳孢子刚放散时为变形体（图 2-5），无细胞壁，不久变为球形，具星状色素体，一般大小为 10～13 微米。

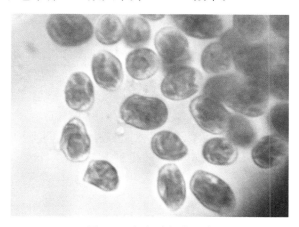

图 2-5　壳孢子变形运动

三、生殖与生活史

生殖是生命过程的基本特征之一，生物通过生殖完成生活史过程和遗传物质的传递。由于紫菜在藻类进化中地位特殊，且种类繁多，其生殖策略和生活史过程也表现出多样性，以适应不同的生活环境。紫菜生殖方式的多样性不仅仅表现在不同的物种采用不同的生殖方式，也表现在同一物种可以采用多种生殖方式繁衍后代。总的来说，坛紫菜属于典型的异形世代交替藻类，其生活史包括单倍体的叶状体阶段（配子体）和二倍体的丝状体阶段（孢子体）。

（一）叶状体的性别

坛紫菜纯系叶状体均为雌雄异体，而野生群体中有部分藻体为雌雄同体，是由不同性别的坛紫菜藻体嵌合而成的。坛紫菜生殖细胞的分化始于藻体边缘两侧，逐渐向中间发展。生殖细胞形成的顺序是精子囊器先形成、放散，使后形成的果胞受精分裂形成果孢子。精子囊器呈乳白色或乳黄色（彩图 14），果孢子囊呈红褐色或深紫红色（彩图 15），肉眼即可分辨雌雄。

（二）生殖细胞的形成

紫菜雄性和雌性生殖细胞分别为精子囊器和果胞，均由叶状体营养细胞在一定条件下转化成精子囊母细胞和果胞后经过多次有规律的分裂所形成。精子囊器（彩图 16）和果孢子囊器（受精后的果胞，彩图 17）分裂方式和次数因紫菜的种类不同而不同。因此，其数目和空间排列存在种间差异，可以作为紫菜分类的重要依据之一。

精子囊器和果孢子囊器的空间排列（图 2-6）和数量可以用分

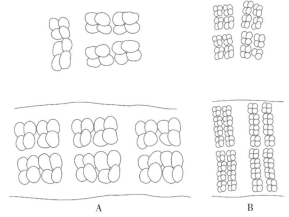

图 2-6 坛紫菜果孢子囊器和精子囊器的空间排列示意图
（上图为藻体表面观，下图为藻体横切面观）
A. 果孢子囊 B. 精子囊

裂式表示，即以 $♀/♂_r A_x B_y C_z$ 形式表示，将紫菜的精子囊器和果孢子囊器看作是一个立体，A 和 B 是以藻体表面为平面的水平轴，C 轴是垂直藻体向内的轴，x、y、z 分别为 A、B、C 轴上精子或果孢子的数量，计数时将 x、y、z 相乘就是精子囊和果孢子囊的总数 r。坛紫菜精子囊的分裂式为 $♂_{128} A_4 B_4 C_8$ 或 $♂_{256} A_4 B_4 C_{16}$，果孢子囊的分裂式大部分为 $♀_{16} A_2 B_2 C_4$，少数为 $♀_{32} A_2 B_4 C_4$。精子囊母细胞和受精的果胞先沿水平方向分裂，然后再向各方向分裂。特别的是，紫菜的分裂式是指叶状体完全成熟放散前的最大分裂式。但实际上，有些紫菜叶状体往往由于受环境因素影响，达到最大分裂式之前就放散出果孢子。

（三）有性生殖

坛紫菜有性生殖过程包括叶状体营养细胞分化形成果胞和精子囊器，精子囊器成熟后释放精子与果胞受精，果胞经多次分裂形成并释放果孢子，果孢子发育成丝状体，进入生活史中的丝状体发育生长阶段。

到了繁殖期，叶状体的营养细胞转化为生殖细胞。雌性的生殖细胞为果胞，成熟的果胞在垂直于叶片一端或两端长出突起，称为原始受精丝，它不是独立细胞，属于果胞的一部分，是果孢产生的临时性突起，起帮助受精的作用，受精后逐渐萎缩。雄性的生殖细胞为精子囊母细胞，经过多次分裂形成精子囊器。精子囊器成熟后放散出球形精子，由于精子无鞭毛，不能运动，只能随海水漂流到雌性藻体的果胞上，在受精丝的帮助下受精。受精后的果胞经过多次分裂形成果孢子囊，呈红褐色或深紫红色，果孢子囊成熟后释放出果孢子，果孢子随着水流运动，遇到贝壳等石灰质基质，立即溶解其表面并钻入其内部生长发育成丝状体，以度过整个夏天。

（四）营养繁殖

坛紫菜叶状体细胞不能放散单孢子，没有无性生殖过程，但坛紫菜叶状体细胞具有全能性，单个体细胞具有全部的遗传信息并可以发育成完整的叶片。利用海螺酶等单一酶类或混合酶分解叶状体细胞壁，得到的原生质体可发育成完整的叶状体植株和丝状体。这种方法广泛用于坛紫菜育种中的品系纯化。坛紫菜体细胞再生培养的工艺流程（彩图 18）为叶状体→表面洗净和消毒→除去盐分→切碎藻体→加入细胞壁降解酶→酶液中保温→细胞过滤和洗涤→获得细胞和原生质体悬浮液→再生培养→植株。

（五）单性生殖

将坛紫菜雌性叶状体小碎片在室内培养皿进行长时间静置培养，可以观察到雌性叶状体的梢部或边缘细胞的颜色由褐红色变成浅黄褐红色，色素体缩小并由星状逐渐变成圆盘状，不久大量的细胞从梢部边缘游离出来，然后游离细胞萌发长成丝状体。有时，叶片梢部的细胞逐渐褪至浅黄褐红色后，部分细胞的色素体又重新变成较深的褐红色，细胞不释放出来，而是在叶状体上直接发育成丝状体，等丝状体长到一定大小就伸出叶片表面。

坛紫菜雄性叶状体在梢部形成大量精子囊，随着精子囊的成熟，颜色也逐渐变淡。但是，在精子囊之间有极少量的细胞不发育为精子囊，其颜色反而加深变红，这类细胞有时也可再分裂 1 次或 2 次，但不形成果孢子囊那样的构造。它们在四周精子囊成熟放散精子后，颜色变得更红，逐渐长出萌发管，发育成丝状体。

与有性生殖产生的丝状体相比，单性生殖产生的丝状体的颜色、生长、分枝、成熟等方面均没有明显差异，它们成熟释放出大量的壳孢子也发育成形态正常的健康叶状体。此外，单雌生殖产生的后代叶状体全部为雌性；而单雄生殖产生的后代叶状体均为雄性。单性生殖产生的后代叶状体的颜色和形态非常一致。由单雌和单雄生殖产生的后代叶状体可以进行有性杂交产生杂合丝状体，其 F_1 叶状体的生长和发育均正常、可育。

（六）生活史

对于紫菜的生活史，早期人们并未把叶状体和丝状体两个阶段

联系在一起，直至 1949 年英国藻类学家 Drew（1949）对脐形紫菜
（*P. umbilicalis*）果孢子萌发过程进行研究时发现，钻入贝壳的果
孢子发育成的藻类其实就是之前报道的壳斑藻，这就把两种之前认
为是独立的藻类联系起来了，这是紫菜生活史研究中的一个突破性
发现。之后，Kurogi（1953）以及曾呈奎等（1955）均在实验室内
完成了紫菜的整个生活史循环，证实了紫菜生活史存在丝状体和叶
状体两个阶段。

坛紫菜的生活史（图 2-7）与条斑紫菜相似，也是由叶状体
（配子体，$n=5$）和丝状体（孢子体，$2n=10$）构成的不等世代交
替的生活史。与条斑紫菜不同的是，坛紫菜叶状体不放散单孢子，
没有无性生殖过程。

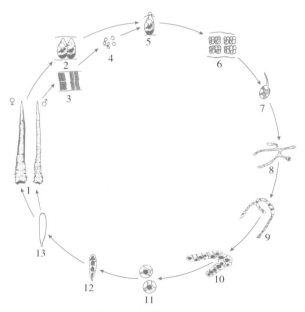

图 2-7 坛紫菜生活史

1. 坛紫菜叶状体 2. 果胞（横切面） 3. 精子囊器（横切面） 4. 精子 5. 受精
卵 6. 果孢子囊 7. 果孢子 8. 丝状藻丝 9. 孢子囊枝 10. 壳孢子囊形成与壳
孢子放散 11. 壳孢子 12. 四细胞叶状体 13. 叶状体幼苗

自然条件下，坛紫菜完成一个生活史约需1年，每年白露至秋分，生长在贝壳等碳酸钙基质里的丝状体发育成熟，开始放散壳孢子。壳孢子附着在潮间带的岩礁或菜坛上，萌发生长形成叶状体。叶状体繁殖的旺盛期从每年11月开始（浙江海区由于水温较低，繁殖的旺盛期要推迟至1月左右开始），到翌年的2—3月藻体逐渐衰老，并腐烂流失。雌性叶状体释放的果孢子随潮流漂浮，遇到贝壳等碳酸钙基质即钻入其内部萌发生长，并历经丝状藻丝和孢子囊枝形成，度过炎热的夏季，至秋季壳孢子形成、成熟并放散，壳孢子再萌发形成叶状体，由此周而复始、代代相传。而在实际养殖生产中，根据不同年份的气候特点，一般从白露过后开始采集坛紫菜壳孢子苗，将苗帘下海养殖，叶状体生长至一定时期，叶片边缘营养细胞转化为精子囊器或果胞，果胞受精后分裂发育成果孢子囊器，此时的叶状体即可收回作为种藻用于采集果孢子育苗。一般在每年的12月至翌年2月采集果孢子，采集的果孢子钻入贝壳基质中进行丝状体阶段的生长和发育，并至白露前后发育成熟，放散出壳孢子，壳孢子附着在网帘上萌发成幼苗，长大成为新一代的坛紫菜叶状体。

四、生长发育与环境条件的关系

（一）叶状体生长发育与环境条件的关系

根据坛紫菜叶状体的生长发育特点，可以将叶状体分为壳孢子萌发期、孢苗期、幼苗期、成叶期和衰老期5个时期。壳孢子萌发期，从壳孢子附着到开始萌发；孢苗期，壳孢子萌发至10个细胞以下，肉眼看不见；幼苗期，肉眼可见苗至5厘米大小；成叶期，5厘米大小叶片到长出生殖细胞；衰老期，叶片停止生长，开始腐烂流失。

叶状体生长在海洋中，海洋环境和叶状体的生长发育密切相关，直接影响其产量和质量。因此，为了收获优质坛紫菜，必须了解坛紫菜各生长发育阶段的生长习性和对环境的要求。坛紫菜叶状体在海洋环境中进行光合作用、呼吸作用和氮同化作用，光照、二氧化碳是光合作用的必要条件；呼吸作用需要氧气；氮同化作用必须有氮、磷、硫、铁、钾、钙、镁等营养盐。这些物质均来自海水中，因此海水运动是影响叶状体生长发育的重要因素。同时，水温、海水流动、干出、盐度等作为坛紫菜生长环境的重要因子也影响着其生长。

1. 水温

坛紫菜在海水中生长，水温是影响其生长发育的重要因素。一般来说，成叶期所要求的水温比孢苗期、幼苗期低些。壳孢子的萌发期、孢苗期、幼苗期的水温不适宜，将降低幼苗生长速度，延长见苗时间，甚至发生脱苗、烂苗现象（图 2-8）。2000年以来，坛紫菜主产区多次发生因出苗期水温不合适引起的坛紫菜大面积烂苗事件，给坛紫菜养殖业带来了巨大损失。当然，成叶期的温度不适宜同样会影响其生长速度，导致藻体提早衰老，并且易发生病害。

图 2-8　高水温期坛紫菜发生脱苗烂苗现象

坛紫菜壳孢子萌发与孢苗的生长适温为 25～28℃；幼苗期的生长适温为 23～26℃；自 5 厘米生长到 20～40 厘米，此时一般为10 月，水温为 22℃左右。若水温低于 12℃，则生长缓慢，翌年水温回升时，生长有所好转，但藻体接近衰老，生长速度变慢、厚度增加、品质下降。

最适温度是指在光、氧气、二氧化碳、营养盐等所必需的因素都充分满足的情况下，生理活动最旺盛时的温度。在最适温度条件下，坛紫菜的生理作用最旺盛，所以养殖区域海水中的必要成分（如二氧化碳、氧气、营养盐等）被急剧消耗，这些成分补充不足会引起营养失调，时间久后藻体就会枯萎。同时，坛紫菜的生长适温往往也是病原菌大量繁殖生长的适温，病原菌会趁藻体枯萎时侵入藻体，从而导致病害的发生。所以，生产上通常控制坛紫菜在稍低于其最适温度的情况下生长。从坛紫菜叶状体对水温的要求来看，生产上最好在适温期上限尽早采壳孢子，以便能早出苗，有利于幼苗的生长，这样可以提早采收。如果采壳孢子的时间晚，水温下降，会影响孢苗期和幼苗期的生长，待其长到采收标准时，生长季节已经过去大半，适于成叶生长的适温期缩短，会影响坛紫菜的产量。

水温除了影响坛紫菜叶状体的生长外，还会影响叶状体雌雄生殖细胞的形成。人工养殖的坛紫菜一般在每年 10 月下旬开始出现精子囊和果孢子囊，此时水温约为 23℃。若水温低于 10℃，则形成的果孢子囊非常少。

2. 光照

坛紫菜叶状体是生长于潮间带中高潮区的一类大型红藻，从生态条件看属于喜光性藻类，但它对弱光也有很强的适应能力，这是因为坛紫菜的光补偿点很低，只有 300～500 勒克斯。光照度为 500～5 000 勒克斯时，坛紫菜光合作用速率会随光照度的增加而逐渐增加，并达到最高值；当光照度高于 5 000 勒克斯，甚至把光照度提高至 20 000 勒克斯，坛紫菜光合作用仍能进行，只是光合速率降低。坛紫菜在潮间带生长，尽管没有因为强光而受害的现象，但在幼苗期应注意防止光照度过高，产生光氧化而受到伤害。

从光照时间看，幼苗每天光照 15～18 小时，成叶期每天光照 12～15 小时。这样的光照时间都能促进坛紫菜叶状体的生长，但在适宜温度条件下，进行长日照处理会促使叶状体成熟，使生殖细胞提早形成，相对地使生长停止。因此，在生产上以每天光照8～10小时为最佳。

3. 营养盐

碳、氮、磷及微量元素等是坛紫菜生长发育的必需元素。坛紫菜干品含碳 40%，加之呼吸作用所需要的碳，每克干品生长发育所需要的碳约为 500 毫克。氮、磷是构成细胞的重要元素，参与了光合作用、呼吸作用、能量储存和传递、细胞分裂、细胞增大和其他一些过程。坛紫菜藻体的蛋白质含量在 30% 以上，8 种人体必需氨基酸含量为 13%～16%（干重），在营养丰富、风浪大的海区养殖的坛紫菜则可达 19%～21%（干重）。在坛紫菜的生长过程中，二氧化碳的补给非常重要，氮、磷的补充也不可或缺。

自然海区的肥瘦可以用海水中氮（主要以铵态氮和硝态氮的形式存在）的含量来划分，贫瘦海区海水中的氮含量低于 40 毫克/米^3，中等肥区 40～200 毫克/米^3，肥区高于 200 毫克/米^3。在肥沃海区的坛紫菜，生长速度快、叶片大、色深而富有光泽，显微镜下观察可见细胞大且原生质浓。在贫瘦海区的坛紫菜生长速度慢，叶片呈黄绿色且无光泽，细胞液泡大，如果长时间缺乏营养盐则叶片颜色逐渐变浅，由黄绿色变为淡白色，从而死亡。但若在坛紫菜叶片颜色呈黄绿色时及时施肥，叶片很快即可转变成正常颜色。施肥要考虑用速效肥，如硫酸铵等，不要用尿素，因为尿素是慢性肥，肥效还来不及发挥作用就已被海水稀释。南方海域海水含氮量比较高，水质比较肥沃，坛紫菜养殖期间一般不用施肥，或只施少量肥。紫菜在缺氮时会发生绿变病（彩图 19），氮含量低于 22 毫克/米^3，叶片开始变绿；氮含量继续降低，低于 10 毫克/米^{3}时，绿变严重，此时及时施氮肥就会明显好转，颜色恢复正常。但需注意的是，如果海水不流动，则施肥的效果不大，因为不流动的水域往往缺乏二氧化碳，光合作用就不能进行，也就不能充分形成糖类，因此藻体内接受氮的状态就不充分，过剩的氮甚至可能会引起中毒现象。

4. 海水流动

坛紫菜是一种好浪性藻类，其生长的好坏与海区海水流动的状况密切相关，因为海水流动直接影响坛紫菜的光合作用、呼吸作用和氮同化作用。在海水畅通的海区，坛紫菜光合作用的原料可以源源不断地得到补充，因此生长速度快、质量好、生长期长、产量高。而在海水流动差的海区，二氧化碳、氮、磷等得不到及时补充，坛紫菜生长期短、衰老早、品质差、容易发生病害。

海水流动包括潮汐的水平流和风浪引起的垂直流。风浪不仅可以扩大海水接触空气的面积，提高水中的氧气和二氧化碳的浓度，满足坛紫菜生长的需要，而且风浪促进了水的流动与交换，使氮、磷等营养盐得到及时补充，同时又带走代谢后的废物及藻体表面沉积的污泥和附着性硅藻，使藻体保持光洁。因此，判断一个紫菜养殖区有无利用价值，不能只看营养盐含量的多少，还要根据水流状况来决定。可以用海流计测定养殖海区海水的流速。

5. 干出

坛紫菜自然分布于潮间带中高潮区的岩礁上，随着潮水的涨落，每天一般都有 1～2 次的干出，每次干出的时间又随着大小潮及潮区的不同而有差异。在高潮区生长的坛紫菜，干出时间可达 6 小时以上，而且只有大潮时才被海水淹没，小潮时都处于干出阶段，在阳光暴晒下，体内水分大量消耗，涨潮后仍可正常生长。生产上处理网帘上的浒苔等杂藻附着时，可采用将网帘暴晒（图 2-9）或较长时间阴干的方法使杂藻死亡，而坛紫菜仍可正常生长。这说明坛紫菜可以忍受长时间的干出，具有很强的耐失水能力。但是刚附着的壳孢子耐失水能力较差，在阳光直射下，1 小时就死亡，当长成 1 毫米以上大小时，就可以忍受数小时甚至几天的干燥。

在坛紫菜人工养殖过程中，处于不同生长期的坛紫菜在不同潮区的生长速度是不同的：出苗期，低潮区幼苗生长速度快，高潮区则因干出时间长，出苗晚，生长较慢，但杂藻繁殖比较少；幼苗期，低潮区坛紫菜干出时间不足，杂藻繁生速度逐渐变慢；养殖中

图 2-9　养殖户将坛紫菜苗网运回岸上进行晒网处理

期，中潮位紫菜生长好，原因是干出时间适当，既能杀死杂藻，又能促进坛紫菜快速生长；而到了养殖后期，则是高潮位的坛紫菜生长好。因此，应充分利用中潮区的有利海区，并在可能的情况下，使低潮区和高潮区的网帘定期对调，以减弱不同潮位对坛紫菜生长的负面影响（图 2-10）。

图 2-10　退潮后处于干出状态的坛紫菜网帘

　　此外，养殖潮位不同还会直接影响坛紫菜生殖细胞出现的时间和数量，一般干出时间短的低潮位或潮下带全浮动筏式养殖的坛紫菜，生殖细胞出现较早，且数量较多；而高潮位养殖的坛紫菜则生殖细胞出现较晚，衰老也较迟。

适当的干出对于提高坛紫菜的产量和质量、延长坛紫菜生长周期、减少病害等也具有重要意义。干出可以淘汰不合格的幼苗，培养健壮的坛紫菜苗；杀死硅藻和其他杂藻，防止坛紫菜早生硅藻早衰老；增强藻体抗病能力，防止病害发生，有利于坛紫菜正常生长；增强坛紫菜色质，提高坛紫菜制成品的质量。因此，在坛紫菜养殖过程中，使其始终处于合适的潮位并确保适宜的干出时间是提高产量和质量的主要措施之一。

6. 海水盐度

坛紫菜对海水盐度的变化有很强的适应能力，具有耐低盐的特性。将坛紫菜叶片置于盐度为 9 的海水中培养 7 天，仍可继续生长，而在淡水中可正常生存 1 天，如果时间延长则变成红色，但如果再放回海水中，又可恢复正常，因此低盐度的雨季并不会发生坛紫菜大量死亡的现象。实践表明，良好的坛紫菜养殖区往往位于河口区，这是因为坛紫菜具有较强的耐低盐能力，河口区水流速度较快，且有陆地径流带来的丰富的营养盐，可以充分满足坛紫菜对营养盐的需求。

海水盐度还会影响坛紫菜叶状体果孢子的放散。海水盐度为 13～38 时，果孢子均能正常放散，最适宜海水盐度为 26～34，盐度低于 13 或高于 38 时，果孢子的放散量明显减少。

（二）丝状体生长发育与环境条件的关系

1. 水温

丝状体各生长发育阶段对温度的要求不同（表 2-2）。一般来说在一定水温范围内，随着水温上升，果孢子放散量大，附着能力强，萌发较快。坛紫菜果孢子萌发的适宜水温为 7～26℃，在这个温度范围内，水温低萌发速度慢，但萌发率高；水温高，萌发速度快，但萌发率低；萌发的最适水温为 12～17℃，因此在每年的 2—3 月采果孢子最合适。

坛紫菜丝状藻丝的耐高温能力要强于叶状体，适于生长的温度范围也比较广，是坛紫菜度夏的有利形式。坛紫菜丝状体在 7～31℃均能正常生长，最适生长温度为 20～25℃，在这个温度范围内，形成分枝和长度增长速度最快，形成的孢子囊枝时间短，数量多。如果水温超过 31℃ 则停止生长，藻红素溶解消失，呈黄绿色。

坛紫菜壳孢子开始形成的水温在 24℃ 左右，水温在 24～30℃时均可大量形成壳孢子，最适生长温度为 27～28℃，高温有利于壳孢子的形成。壳孢子放散的温度比壳孢子形成的温度要低，低温会抑制壳孢子形成，但不会抑制壳孢子的放散。坛紫菜壳孢子在 17～28℃时都能放散，最适放散温度为 23～25℃。

表 2-2　坛紫菜丝状体生长发育对温度的要求（℃）

果孢子萌发		丝状藻丝生长		孢子囊枝形成		壳孢子形成		壳孢子放散	
适宜范围	最适范围	适宜范围	最适范围	适宜范围	最适范围	适宜范围	最适范围	适宜范围	最适范围
7～26	12～17	7～31	20～25	22～30	25～30	24～30	27～28	17～28	23～25

2. 光照

光照度和光照时间对坛紫菜丝状体各生长发育阶段均有影响，只是影响效果各有不同，不同阶段所需的光照度和光照时间也各不相同（表 2-3）。

果孢子及其萌发期，光照时间对其萌发影响不大。坛紫菜果孢子在光照度为 2 000～3 000 勒克斯时萌发最好。

丝状藻丝阶段，光照时间长，藻丝分枝快、密度大；光照时间短，藻丝分枝慢、密度小。因此，这一阶段的光照时间不得小于 10 小时，以全日照为宜。坛紫菜丝状体的光补偿点低，能长时间忍受低光照度，在黑暗条件下培养 2 个月，藻丝仍可维持正常生长。正常温度条件下，丝状藻丝生长的最佳光照度为 3 000 勒克斯。在实际生产中，可以通过控制光照度来调节丝状藻丝的生长。对果孢子采苗密度大、萌发率高、采苗时间早的丝状体，可以通过降低光照度来控制其生长；而对果孢子采苗密度低、萌发率低或采苗时间较迟的丝状体，则可通过提高光照度来促进其生长。但光照度过强，会造成藻丝色泽偏红；强光时间过长，会使丝状体褪色，绿藻等杂藻繁生而抑制藻丝生长。光照度强时，可加大藻丝在贝壳基质中的钻入深度，增加藻丝层的厚度。但生产实践证明，藻丝密度过大、藻丝层过厚，采苗效果并不理想。这一阶段丝状藻丝的生长情况直接影响后续壳孢子的形成，因此在这一阶段应给予丝状藻丝最适宜的光照度和光照时间等条件，以保证丝状藻丝健康生长。

研究表明，直射光对丝状藻丝有伤害作用。在水温 20～23℃条件下，光照直射 1～1.5 小时，丝状体变为红黑色；直射 3 小时，转为鲜桃色，之后迅速褪色，趋于死亡。

孢子囊枝的生长发育与光照度和光照时间密切相关，低光照度有利于孢子囊枝的形成，形成孢子囊枝的最佳光照度为 1 000～1 500 勒克斯；孢子囊枝在短光照条件下大量形成，而在长光照条件下形成的较少，连续光照不形成孢子囊枝，最佳光照时间为10～12 小时。

壳孢子是在孢子囊枝生长发育的基础上形成的。连续光照和强光会抑制坛紫菜壳孢子的形成，但是不抑制壳孢子的放散。在光照时间 12 小时以下的短光照条件下，开始形成壳孢子，最优为 8～10 小时。坛紫菜形成壳孢子最适光照度为 500～1 000 勒克斯，当光照度大于 1 000 勒克斯时形成量少。在实际生产中的育苗后期，一般采用降低光照度（彩图 20）、减少光照时间（彩图 21）（也就是通常所说的缩光）的方法促进壳孢子的形成。缩光的早晚，不但与壳孢子囊枝形成有关，而且还与秋季采壳孢子的时间有关。如果缩光太早，丝状藻丝生长得不充分，则形成壳孢子囊枝的数量较少；缩光太迟，则会推迟采壳孢子苗的时间。生产实践表明，一般在采壳孢子前 30～35 天开始缩光比较合适。

光照度大小对壳孢子放散没有影响，黑暗不影响放散，只会推迟放散高峰期。通过缩光可以使壳孢子放散时间提前，也可以增加壳孢子的放散量。光照对壳孢子的附着也有一定影响。在生产实践中，如果进行室内采壳孢子苗，需要把育苗室的光照调到最强，一

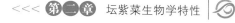

般要求在 3 000 勒克斯以上。

表 2-3　坛紫菜丝状体生长发育与光照时间及光照度的关系

果孢子萌发		丝状藻丝生长		孢子囊枝形成		壳孢子形成		壳孢子放散	
光照时间 （小时）	光照度 （勒克斯）	光照时间 （小时）	光照度 （勒克斯）	光照时间 （小时）	光照度 （勒克斯）	光照时间 （小时）	光照度 （勒克斯）	光照时间 （小时）	光照度 （勒克斯）
—	2 000～ 3 000	10～24	3 000	10～12	1 000～ 1 500	8～10	500～ 1 000	—	3 000

3. 营养盐

坛紫菜丝状体生长发育需要大量的氮和磷。添加氮肥，可明显促进丝状藻丝生长，利用缺氮海水培养的丝状体，形成孢子囊枝的数量明显减少；施加磷肥，可明显促进孢子囊枝的成熟和壳孢子的形成。除了氮和磷之外，铁、锰、硫等元素对丝状体的生长发育也有一定影响，特别是一些氨基酸、维生素和植物激素对丝状体的生长有明显的促进作用。不过，利用自然海水培育丝状体，其中的氮、磷已经足够。丝状体生长发育的不同阶段对氮和磷的需求量并不一致，丝状藻丝期需要氮肥量大，孢子囊枝和壳孢子囊枝形成阶段需要磷肥量大，具体可见表 2-4。生产上主要是施硝酸盐和磷酸盐。

表 2-4　坛紫菜丝状体生长发育对氮、磷营养盐的需求（毫克/升）

阶段	NO_3^-（氮）	PO_4^{3-}（磷）
丝状藻丝早期	5	0.5
丝状藻丝旺盛期	10～15	2～3
孢子囊枝形成	10～15	3～5
壳孢子形成	2～3（或不施肥）	15～20

4. 盐度与 pH

海水盐度不仅会影响果孢子的钻孔和萌发，以及丝状体的生长，还会影响孢子囊枝和壳孢子的形成，进而影响壳孢子的放散。坛紫菜果孢子在盐度为 26～33 时均能正常萌发，盐度小于 19 时萌发较差。丝状体对盐度的适应范围较广，盐度为 7～40 时均能存

29

活，最适盐度为 19～33。在盐度为 7 的海水中可以存活 15 天，在淡水中也能存活几天。孢子囊枝在盐度为 7～33 时均能形成，只是盐度越低形成越慢。育苗时，若出现盐度不适，应及时调整。

丝状体生长发育的最适 pH 为 7.5～8.2，过高或过低都不利于其生长发育。自然海区的 pH 一般较为稳定，但在新建的育苗池，或靠近工厂附近的海边，海水 pH 会发生较大幅度的变化，对丝状体各阶段的发育会造成不利影响。新建的育苗池，一般应经过 1 个月以上的浸泡和换水处理，待海水 pH 稳定后才能使用。

5. 海水流动

流水对壳孢子的形成和放散具有重要影响，生产中丝状藻丝和孢子囊枝阶段均在静水中培养，海水流动与否对这两个阶段的生长发育影响不大。但在壳孢子的形成与放散期，尤其后者，海水流动有重要作用，特别是坛紫菜，因此生产上常利用新鲜海水和流动海水刺激壳孢子，一般在采壳孢子苗之前下海利用自然海水刺激一个晚上，促使壳孢子放散。在壳孢子囊枝形成以后，海水流动不但可以促进壳孢子的形成与放散，而且可以避免壳孢子囊枝产生空泡现象，促使原生质浓厚饱满。

6. 干出

自然生长的丝状体都生长在低潮线以下，在整个生长发育过程中基本不干出，因而对干出的适应能力很差。试验表明，将带有丝状体的贝壳表面水分擦去之后，在室外干出 15 分钟或在室内干出 30 分钟就有部分丝状体死亡，在室外干出 30 分钟，会造成丝状体全部死亡。因此，在进行丝状体培育时，尤其是在洗刷和换水时，都要尽量减少丝状体的干出时间。

五、坛紫菜新品种的选育及其生物学特性

相比陆生经济作物和条斑紫菜，我国坛紫菜的品种选育工作长期没有得到足够的重视。20 世纪 70 年代，我国坛紫菜养殖所需要的种菜一般来源于海边潮间带岩礁上生长的野生紫菜，80—90 年

代，随着坛紫菜养殖面积的迅速扩大，野生种菜供不应求，只能将人工养殖网帘上的坛紫菜作为种菜，而且大部分养殖户均连续多年采用自养自留的养殖方式，也即每年随意从海区采集坛紫菜作为种菜，没有经过严格的挑选和种质改良。这种种苗培育方式最终造成坛紫菜种质持续退化，主要表现在藻体叶片较厚，蛋白质含量较低，味道较差，且产量下降。更为严重的是，坛紫菜藻体对病害和不良环境条件的抵抗力显著下降，生产上几乎每年都会发生一定规模的烂菜和脱苗灾害，严重时造成上万亩的养殖网脱苗减产，经济损失十分惨重。因此，迫切要求对坛紫菜进行种质改良，以培育优质、高产、抗逆的新品种，来保证坛紫菜养殖业健康持续发展。

2000 年后，国家对坛紫菜的育种研究开始重视，科研经费投入不断增加，先后启动了坛紫菜育种相关的 3 期"863"计划、农业公益性行业科研专项和一批省部级科研项目，国内的藻类研究者纷纷开始开展坛紫菜的育种研究，使坛紫菜育种研究得到了长足发展，并取得了一系列科研成果。先后建立了坛紫菜种质资源库；阐明了坛紫菜生活史的减数分裂发生在壳孢子萌发时的第 1 次和第 2 次细胞分裂时期，坛紫菜雌雄叶状体均可通过单性生殖繁殖后代；分别建立了坛紫菜细胞诱变技术、人工色素体分离技术、单性生殖育种技术、体细胞克隆技术等系列遗传育种技术；选育出了一批各具优良性状的坛紫菜新品种（系），在生产上进行了大规模中试推广，促进了坛紫菜养殖业持续稳定发展。

截至目前，国内已有 3 个育种单位选育的 4 个坛紫菜新品种通过了国家水产原种和良种审定委员会的审定，它们分别是"申福 1 号""闽丰 1 号""申福 2 号"和"浙东 1 号"。

"申福 1 号"：上海海洋大学以野生坛紫菜为对象，通过诱变和体细胞再生等技术选育而成的品种。具有产量高、生长期长、藻体薄、耐高温等优点。

"闽丰 1 号"：集美大学以采自福建省平潭岛的野生坛紫菜为对象，通过诱变、杂交和单克隆培养选育而成的品种。具有耐高温、生长期长、生长速度快、产量高等优点。

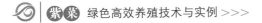

"申福 2 号"：上海海洋大学和福建省水产技术推广总站以采自福建省平潭岛的野生坛紫菜为对象，通过诱变、单性生殖和体细胞再生等技术选育而成的品种。具有生长速度快、生长期长、壳孢子放散量高和耐高温等优点。

"浙东 1 号"：宁波大学和浙江省海洋水产养殖研究所以采自浙江渔山岛的野生坛紫菜为亲本群体，采用体细胞工程育种技术选育而成的品种，具有藻体厚、产量高和壳孢子放散量高等优点。

此外，还有多个坛紫菜新品种（系）正在进行生产性中试。这些坛紫菜新品种（系）在福建、浙江和广东沿海进行的大规模推广应用或中试，在很大程度上推动了坛紫菜产业的良种化进程。

第三章 坛紫菜绿色高效养殖技术

一、坛紫菜的苗种培育

（一）苗种培育的 3 个阶段

坛紫菜人工培育苗种大体经历了自然附苗、半人工育苗和全人工育苗 3 个发展阶段。

1. 自然附苗

主要依靠采集野生坛紫菜释放的壳孢子，在自然条件下养成。坛紫菜菜坛附苗法就是在繁殖季节自然孢子放散之前，先清除天然礁石上的大型敌害生物，再用石灰水去除微小生物，以利于自然孢子的附着与萌发生长（图 3-1）。这种方法附苗效果好，坛面附苗

图 3-1　坛紫菜菜坛附苗

密度可达每平方厘米 18～20 株，多者可达 40 株以上，亩产干菜可达 50 千克以上。

2. 半人工育苗

半人工育苗方法最早由曾呈奎等（1959）报道，该方法是在采壳孢子季节，把室内人工培育成的苗种（贝壳丝状体）装入竹制或塑料制的种子箱，放回海上促熟，使放散的壳孢子附着于人工基质上加以育成。采用这种方法时，育苗全过程的一半工序处于人工控制下，其余在自然条件下完成。

3. 全人工育苗

全人工育苗方法同样也是由曾呈奎等（1959）最早报道的，该方法是将海上成熟的坛紫菜种藻经优选后，置于室内水池中使其放散果孢子，并使果孢子附着在人工基质上（棕绳、竹筷、贝壳或维尼龙帘）进行丝状体培育，经过一段时间，丝状体成熟后，采用人工方法促使其放散壳孢子，放散出的壳孢子附着在养殖网帘上，育苗全过程都在室内人工控制的条件下进行。育苗期内的人工控制主要根据坛紫菜不同生活史阶段的生态要求进行，着重于调整温度、光照、营养盐含量及水流状况等。为防止杂藻与敌害生物的繁殖，育苗用海水须经沙滤、紫外线消毒等净化处理。这种育苗方式生产效率较高，可大量而稳定地提供幼苗，是目前主要的育苗方式。

从育苗的方式来看，坛紫菜的全人工育苗目前主要有贝壳丝状体育苗和自由丝状体接种育苗两种方式。

（1）贝壳丝状体育苗 紫菜贝壳丝状体（彩图 10）育苗是中国、日本、韩国 3 个主要紫菜生产国一致采用的紫菜育苗技术，也是坛紫菜全人工育苗的主要方式。贝壳丝状体育苗的基本过程包括种藻选择-果孢子放散和采果孢子-丝状体生长-壳孢子囊枝形成-壳孢子成熟-壳孢子采苗（图 3-2）。基本育苗设施包括培养室、培养池和沉淀池等。该方法存在许多不足之处，主要表现在周期长（7～8 个月）、育苗效率低（一般 1 米^{2}贝壳丝状体采苗 1 亩）、专用育苗池占地面积大（过了育苗季节不能留做他用）、贝壳耗用量大等。

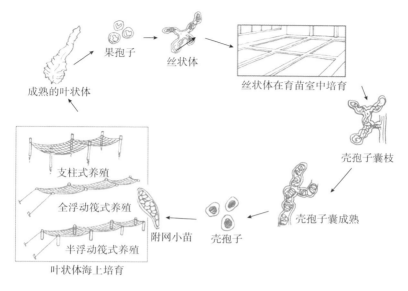

图 3-2　坛紫菜贝壳丝状体育苗过程

（2）自由丝状体接种育苗　该方法采用人工培养的自由丝状体（彩图 22）代替果孢子接种到贝壳，然后按照贝壳丝状体育苗的一般流程进行育苗。近年来，采用该方法在坛紫菜的良种培育和推广上取得了显著效果。但自由丝状体育苗需在室内培育大量的自由丝状体，培育自由丝状体对环境条件的要求较高，且需要一定的技术，一旦污染，就会被淘汰，而且后续育苗阶段仍需要耗用大量贝壳，因此该技术主要用于良种推广制种时的育苗，在工厂化大规模育苗中还没有得到普及应用。

贝壳丝状体育苗费时费力，育苗周期长、费用高；自由丝状体接种育苗技术要求相对较高，且最后阶段也需要耗用大量贝壳，因此，国内的藻类学者针对坛紫菜全人工育苗技术，还先后开展了叶状体体细胞育苗和自由丝状体无贝壳育苗等技术的研究，但由于各方面的原因，这些技术尚未在坛紫菜育苗的实际生产中得到应用。

（二）育苗设施

1. 育苗室

育苗室一般应选在远离河口、周围无污染源、海水获取方便、交通便利且靠近养殖海区的沿海地区，附近还应有淡水水源，以备日常用水和防治病害的需要。

育苗室的规模由实际生产所需的种苗量决定。平面采苗的，一般按每平方米培养的贝壳丝状体供应 1~1.5 亩养殖面积的比例建造；而立体吊挂采苗的，则一般按每平方米培养的贝壳丝状体供应 2~3 亩养殖面积的比例建造。育苗室的建造方向一般以坐北朝南、东西走向为宜，且层高不低于 2.5 米（图 3-3）。

图 3-3 坛紫菜育苗室外观

根据坛紫菜丝状体既需要适宜的光照，又要避免直射日光长时间照射的特点，在设计育苗室时，如果育苗室规模较小，通常以开天窗作为主要采光方式（图 3-4），再辅以侧窗。如果育苗室规模较大（超过 300 米²）则天窗和侧窗均作为主要采光方式，天窗总面积占屋顶总面积的 1/3~1/2，侧窗总宽度占南北墙长度的 1/3~1/2。天窗和侧窗的内侧要安装布帘（图 3-5），外侧可涂刷石灰水或涂料等，以调节光照的强度，使光照均匀并防止直射光。

图 3-4 坛紫菜育苗室天窗

图 3-5 坛紫菜天窗和侧窗上安装的布帘

2. 育苗池

育苗池的大小应根据育苗室的规模和具体需要确定，形状一般为长方形，以池长 8～15 米、宽 1.5～2 米、深 0.6～0.7 米为宜，池与育苗室平行或垂直（图 3-6）。池底应有 2%～3% 的坡度，排水口处应设长宽均为 0.5 米、深为 0.1～0.2 米的凹井。进排水管可用聚乙烯或 PVC 管。新建育苗池须经浸泡等去碱处理后，使池水的 pH 稳定在 8.0～8.5 方可使用。旧池洗刷干净即可使用。

图 3-6　坛紫菜育苗池

3. 沉淀池

为了减少杂藻、浮泥和致病微生物对丝状体的危害，培养丝状体用的海水需要经过净化处理，生产上常用黑暗沉淀法：将过滤海水抽进沉淀池内，池口封盖，在完全黑暗的条件下经过 3 天以上的沉淀，即能满足生产的要求。

沉淀池（图 3-7）的大小需根据育苗池的用水量来决定，一般沉淀池的储水量应为育苗池总用水量的 2 倍以上，并将沉淀池分隔成 2～3 个小池，轮换使用。

图 3-7　坛紫菜育苗场配套沉淀池

（三）采集果孢子

1. 生长基质的选择及其处理方法

坛紫菜的果孢子和丝状体都具有溶解碳酸钙的能力，遇到碳酸钙基质就会钻进去在里面蔓延生长。由于含有碳酸钙的贝壳（彩图23）本身组成不同且薄厚不一，会对丝状体的生长和蔓延造成很大影响，因此作为育苗用基质的贝壳，应采用壳面大、凹面小且平滑的贝壳，这类贝壳受光均匀，且光滑的贝壳不易附着污泥和杂藻，有利于丝状体均匀生长发育。壳面太小的贝壳，操作烦琐；凹面太深的贝壳则易造成附苗不均，且易出现阴影、受光不均，对丝状体的生长发育不利，这两类贝壳均不宜采用。因此，从丝状体生长发育和管理两方面考虑，文蛤壳是首选培养基，较大的牡蛎壳次之。近年来，部分单位也采用扇贝壳作为育苗用基质，但在坛紫菜育苗仍然普遍采用立体吊挂采苗的情况下，在绑结成串时，扇贝壳因不易形成平面而承接面较小，采苗时易造成果孢子的浪费。

作为育苗基质的贝壳应做预处理，首先应清洗干净并剔除闭合肌等腐肉，然后在阳光下暴晒，并用50毫克/升有效氯的消毒液泡几个小时，再用淡水冲洗干净备用，最后将贝壳按照大小归类打孔

图 3-8　绑结成串的育苗用贝壳

串好（图 3-8），每串 5～10 对贝壳，总长度 35～40 厘米，挂于竹竿上，每平方米育苗池吊挂 70～80 串；平养的贝壳则呈鱼鳞状单层排列于育苗池中（图 3-9），每平方米铺放贝壳 600～1 000 只，注入沉淀海水待采果孢子。

图 3-9　鱼鳞状平铺在池底的贝壳

2. 种藻的选择与处理方法

采果孢子前要准备好坛紫菜种藻，优良种藻放散的果孢子数量多，而且健壮、大小一致、萌发率高、丝状体生长好、抗病力强。优良种藻的选择标准是藻体大、完整、色泽光亮、无硅藻等附着物，具有大量成片的果孢子囊区（彩图 15）。

选坛紫菜种藻的时间一般在每年的 12 月至翌年 1 月进行，果孢子囊成熟的适宜温度为 18～20℃，在选择种藻前要停止大量剪收，让果孢子囊大量形成。南风天，海区表层水温高，可以促使果孢子囊大量形成，所以要在南风天做好种藻的选择和采收工作，选种藻一般在上午进行。种藻选好后，用海水洗干净，挂在竹帘上，放在通风处阴干一个晚上，使种藻失去 30%～50% 的水分即可（图 3-10）。

为了避免后期种藻质量差或者没有种藻，也可提早选择种藻，

图 3-10　晾晒种藻

阴干至含水量为 20％～30％，装入塑料袋，压去袋中空气，将袋口扎紧，置于-20～-15℃冰箱中冷冻保存备用（彩图 24）。使用冷冻藻采苗需注意：阴干后，第 1 次放散的果孢子液弃掉（因有一部分种藻被冻伤），第 2 次放散的才可用；第 2 次阴干时，不能晒太阳，要放在通风处阴干，新鲜的种藻可以晒太阳。

3. 果孢子的放散特点及采果孢子时间

坛紫菜种藻具有可以多次连续放散的特点，一般第 1 次放散量比较少，第 2～3 次放散量比较大，每次放散后的种藻可以再阴干、再放散、再采苗，因此种藻可以多次使用。

采果孢子太早必然延长丝状体的培育时间，造成人力、物力的浪费，而且由于丝状体生长早，往往导致较早发生病害。采果孢子太迟，容易因为丝状体培育的时间短，影响丝状体的生长质量。现在生产上采坛紫菜果孢子的时间一般为 12 月至翌年 1 月，最迟不超过 3 月，在浙江海区则可延迟到清明前后接种果孢子。适宜的采苗水温为 11～17℃。

4. 果孢子液的制备和投放密度

将阴干的种藻放入盛沉淀海水的水缸或水池内进行放散，每千克种藻加水 100 千克（彩图 25）。放散过程中应不断搅拌海水，并

41

不断吸取水样进行镜检。当果孢子放散量达到预定要求时，将种藻捞出。用4～6层纱布将果孢子液进行过滤，并计算出每毫升果孢子液内的果孢子数，并按所需的投放密度计算每个育苗池所需的果孢子液量。放散后的种藻还可以重复阴干使用多次。实际生产中，为了节约时间，常用大型脱水机（彩图26）快速高效去除种藻表面的水分，然后阴干种藻用于放散果孢子。

投放密度是指单位面积的贝壳上投放的果孢子数目。主要根据种藻质量的优劣、萌发率来计算。如果种藻新鲜、萌发率高，投放果孢子的量可相对少一些；如果种藻差、萌发率低，投放量可适当增加。一般坛紫菜果孢子的萌发率按25%～40%计，果孢子投放密度以500～600个/厘米^2（丝状体密度150～200个/厘米^2）为宜。

5. 采果孢子的方法

结合丝状体的培育方式，目前坛紫菜采果孢子的方法大体分为平面采果孢子、立体吊挂采果孢子和先平面采果孢子后立体吊挂培养3种。

（1）平面采果孢子 平面采果孢子就是将准备好的贝壳，凹面向上呈鱼鳞状一个个铺放在育苗池底部。注入经沉淀的海水20～30厘米，计算所需的果孢子液量，加入干净海水适当稀释后，均匀喷洒在已排好的贝壳表面，使果孢子自然沉降附着于贝壳表面即

图3-11 坛紫菜平面采果孢子

可（图3-11）。采用该方法进行果孢子采苗，采苗均匀，密度容易控制，培育的丝状体生长也比较均匀，但需要占用育苗室面积较大。

采用该方法采果孢子，所需的果孢子量需根据育苗池的面积、萌发率和要求萌发密度进行计算。

例：一个育苗池长700厘米，宽160厘米，果孢子的萌发率40％，要求实际萌发密度200个/厘米^2，果孢子液的浓度为2万个/毫升。求这个育苗池共需要多少毫升果孢子液。

解：池子面积＝长×宽＝700 × 160 ＝1.12×10^5（厘米^2）

每平方厘米投放数＝实际萌发密度/萌发率＝200/40％＝500（个）

一个池子所需的果孢子数＝池子面积×每平方厘米投放数＝700 × 160 × 500＝5.6×10^7（个）

一个池子所需的果孢子液量＝1个池子所需的果孢子数/果孢子液浓度＝（700 × 160 × 500）/2×10^4＝2 800（毫升）

（2）立体吊挂采果孢子　立体吊挂采果孢子是将已绑结成串的贝壳用小竹竿垂挂于育苗池中，进行多层立体采苗（图3-12）。采果孢子之前先将洗干净的贝壳在壳顶打眼，并根据壳面大小进行归

图3-12　坛紫菜立体吊挂采果孢子

类，成对绑结成串，每对贝壳间距 6 厘米左右，一般每串挂 6～10 对贝壳，总长度 35～40 厘米，成串后应在绑绳两端留等长（约 6 厘米）的环扣，以便吊挂在竹竿上。贝壳串挂完后，将育苗池注满经沉淀后的干净海水，并仔细检查每个贝壳的凹面是否都朝上。然后按照计算结果，将所需的果孢子液加入干净海水适当稀释后，均匀喷洒在育苗池表面，随即用竹竿搅动池水，使果孢子均匀分布于育苗池内的水体中，并最终自然沉降附着于贝壳表面。采用该方法进行果孢子采苗，速度快、效率高，而且占用的育苗室面积小，但采苗密度不易控制，而且后期培养时，需要经常对贝壳进行倒置，需要的人力较多。该方法是目前生产上坛紫菜采果孢子苗的主要方法。

采用该方法采果孢子，所需的果孢子量需根据育苗池的体积、壳间距、萌发率和要求的萌发密度进行计算，要先算出每立方厘米的投放数目。

例：育苗池长 700 厘米，宽 160 厘米，深 50 厘米，萌发率 30％，要求实际萌发密度 150 个/厘米^2，壳距 6 厘米，果孢子液 2 万个/毫升。求这个育苗池共需要多少毫升果孢子液。

解：池子体积＝长×宽×深＝700 × 160 × 50 ＝5.6 × 10^6（厘米^3）

每平方厘米投放数＝实际萌发密度/萌发率＝150/30％＝500（个）

每立方厘米投放数＝每平方厘米投放数/壳距＝500/6＝83.3（个）

1 个池子所需的果孢子数＝池子体积×每立方厘米投放数＝5.6 × 10^6× 83.3＝4.7 × 10^8（个）

1 个池子所需的果孢子液量＝1 个池子所需的果孢子数/果孢子液浓度＝4.7 × 10^8/2× 10^4＝2.35 × 10^4（毫升）

（3）先平面采果孢子，后立体吊挂培养 由于平面采果孢子和立体吊挂采果孢子两种采苗方法各有优缺点，为避免采苗不均匀及过多占用育苗室，现在有部分生产单位，尤其是在新品种示范应用时，采用先平面采果孢子，待 1～2 周后果孢子已完全钻入贝壳开始萌发后，再将贝壳绑结成串，进行立体吊挂培养。

（四）贝壳丝状体管理

1. 培育条件

（1）贝壳丝状藻丝生长阶段　试验发现 1 天即有个别的果孢子萌发钻入贝壳内，3 天左右有半数的果孢子钻入贝壳内，随着时间的延长，萌发钻入的个数也逐渐增加，1 周就基本都已钻入贝壳内。当果孢子钻入贝壳后，光照度保持在 2 000～3 000 勒克斯为宜，尽量保持光线稳定，如果遇到多日阴雨天后放晴，应调节育苗室的光照度，防止光线突然增强，以全天光照为宜，大约 15 天肉眼就可以看到壳面的丝状体藻点（彩图 27）。立体吊挂培养的贝壳丝状体上下受光易不均匀，需要适时将上下贝壳进行倒置。丝状藻丝阶段对氮肥需求量较高，磷肥需求量低，从肉眼可见藻点开始到孢子囊枝形成之前可以施氮肥 10～15 毫克/升，磷肥 1 毫克/升。

（2）孢子囊枝形成阶段　7 月上旬左右，营养藻丝快速生长，到达高峰后，开始形成孢子囊枝，此时光照度减弱，光照时间缩短，可以促进其形成。坛紫菜如果在 8 月高温前就已形成孢子囊枝，往往会影响后期壳孢子的放散。因此，通常在 8 月初高温期前将丝状体的光照度控制在 1 000～1 500 勒克斯，光照时间 10～12 小时，8 月初至 9 月初控制光照度在 750 勒克斯左右，这样有利于后期的壳孢子囊枝的形成及放散，并且可以抑制杂藻快速生长。7—9 月上旬正值酷暑季节，丝状体容易发病，为了减少病害的发生，通常需要开窗通风，坛紫菜培养水温保持在 29℃ 以下，此时其对营养盐要求是氮肥 10 毫克/升，磷肥 1 毫克/升。

（3）壳孢子囊枝形成阶段　8 月下旬壳孢子囊枝开始逐渐形成，坛紫菜贝壳丝状体颜色由深紫红色变为土黄色，并且肉眼可见有绒毛状的壳孢子囊枝伸出壳面，此时为了防止壳孢子因温度降低而提前放散，在冷空气来临之前需注意关窗保温，并且要停止更换海水及清洗贝壳，以防止刺激壳孢子放散。

壳孢子囊枝形成阶段对氮肥的需求量低，对磷肥的需求量高，此时应施氮肥 1～2 毫克/升，磷肥 15～20 毫克/升。

2. 日常管理

（1）洗壳　贝壳丝状体生长一段时间之后，贝壳表面就附生有硅藻等杂藻，影响光合作用，并且会与丝状体争夺营养盐。此外，未钻进贝壳的果孢子残骸等也容易污染水质，所以必须洗贝壳。洗贝壳的方法有手洗（图 3-13）和喷洗（图 3-14）两种。手洗一般采用纱布或软质泡沫塑料擦洗贝壳表面；喷洗则采用水管喷水冲洗贝壳表面，牡蛎壳小，常用此法。

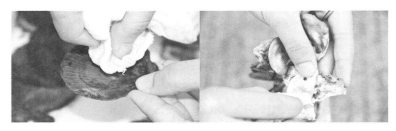

图 3-13　手洗贝壳

图 3-14　喷洗贝壳

2—3 月水温低，硅藻繁殖慢，洗贝壳次数可以少一些。4—5 月水温上升快，硅藻繁殖快，一般 10 天至半个月即需要洗贝壳 1 次。洗贝壳的次数主要根据贝壳表面的硅藻繁殖生长情况以及清洁度

而定。

洗贝壳时应当注意，开始缩光或贝壳表面已经长出绒毛时，不能洗贝壳；丝状体耐干燥能力差，室外15分钟或室内30分钟就会有部分丝状体死亡，室外30分钟以上可全部死亡，因此在洗贝壳和换水时要特别注意防止贝壳干燥。

由于桡足类具有能摄食贝壳表面附着的微型杂藻和其他附着物，使贝壳表面保持干净，又不影响贝壳丝状体发育的特点，现在生产上有部分单位将桡足类应用于坛紫菜的育苗过程，变害为宝，既可以保障坛紫菜丝状体进行正常的光合作用和发育生长，又可以减少或免去烦琐的人工洗贝壳。既节约费用，又能提高苗体质量，效果非常理想。具体方法如下。

将一定数量的桡足类加入坛紫菜育苗池后，坛紫菜育苗的全部操作规程不变。桡足类自然同步繁殖生长，一般经过6～10天的同步培育，其数量即可满足本池需要。其中，有两项关键工作必须注意：①调节光照。保持正常的光照，对于桡足类的繁殖生长至关重要，强弱光照突变，将导致桡足类繁殖能力减弱，摄食量减少，活动停止甚至死亡。因此，应根据气象条件随时调节光照，始终保持桡足类的活跃、旺盛的食欲和繁殖能力，充分发挥其功能，达到有效清除苗壳表面附着物的目的。②换水方法。育苗过程换水时，避免桡足类随水流失和死亡的方法是，应根据桡足类具有明显的趋光性，活动摄食时多在迎光面，栖息时多附背光面，光照正常时活跃，光照减弱时附壁等特点，选择阴天或一天中光照最弱的某一时间换水。放水时，应靠近仔细观察池子中桡足类活动与附壳附壁的比例，若大部分桡足类都附于苗壳上或池壁上，可大胆放水；反之，应改为他时或他日进行。这样可留住大部分桡足类，满足本池连续性除杂去污的需要。育苗过程切不可用高压水枪冲洗；否则，附在苗壳上的桡足类将被冲掉。另外，苗壳离水后，冲洗池底沉积物及注水回池等都需要一定的时间，如不注意，一旦苗壳表面水分晾干，桡足类也将死亡。因此，应当在苗壳干出时，用喷壶向苗壳上均匀喷水，始终保持苗壳湿润，避免桡足类死亡。

（2）换水　换水一般和洗壳同时进行。可以采用"不脏，不洗、不换水"的原则。在水源不太方便的地方可以减少换水次数或部分换水。换水应注意水温、盐度的变化。在梅雨季节，海水盐度低，病原菌多，这时换水容易引起丝状体发生病害。因此，应在梅雨季节到来之前换水1次，并存储清洁海水备用。在夏季高温期，由于育苗池的海水蒸发，盐度升高，而海区的海水盐度低，在换水前，应先徐徐加入淡水，补充育苗池中蒸发掉的水量，经几天后，丝状体适应正常的盐度后，再全部换水。壳孢子囊枝形成时，不要换水，以防止已经形成的壳孢子提前放散。

（3）倒置、移位　倒置：平面培养不存在倒置的问题，立体吊挂培养时，由于贝壳上下遮光，上层的贝壳因受光好，丝状体生长快，而下层的贝壳受光差，丝状体生长不好，所以上、下层贝壳的丝状体发育情况差别较大，应进行倒置，轮流受光，使下层贝壳丝状体移至上层后，受光条件改变，生长加快。待生长均匀时，再倒回来。一般根据生长情况，1个月倒置1次。

移位：倒置是1串贝壳上下层之间进行交换（垂直方向），移位（水平方向）是育苗池不同角落的贝壳丝状体受光不同，而移动位置。靠近窗户的贝壳丝状体生长好，池子角落的贝壳因背光、光线差，而生长不好，这时要把光照弱的1串贝壳或1杆贝壳移到光线强的地方，使整个池子的贝壳丝状体生长均匀。

（4）光照调节　应根据贝壳丝状体不同生长发育阶段对光照的要求进行光照调节。可用白布窗帘遮窗，缩光时，用大的黑布盖在池子上或用黑布遮窗，每天光照时间控制在8～10小时，其余时间处于黑暗。生产上，利用适当的光照调节，还可以控制藻丝生长的速度和密度，密度过大时，应以弱光控制；反之，可给以强光培养。同时，也可以调节光照来处理某些病害的发生和发展。

育苗过程，如果没有照度计测量光照度，可以根据壳面硅藻的生长情况和贝壳丝状体色泽的变化进行调节，壳面生长绿藻，表明光照度过大；壳面长期不长硅藻，表明光照度太小；早期在10天以上，中期在20天以上，壳面上长一层黄色"油泥"（硅藻），缩光后，壳面上不再长"油泥"，就说明光照度合适。

（5）水温控制　生产上一般都是利用自然水温培育贝壳丝状体。但在贝壳丝状体培育过程中，如果遇到"倒春寒"等气温下降较明显的情况时，可以关闭育苗室的门窗进行保温，保证贝壳丝状体正常生长；而到了夏季高温季节，则需要开窗通风，以免高温引起病害发生。当壳孢子大量形成时，如果遇到水温下降较快的情况，则应及时关闭门窗保温，以避免壳孢子提前放散。

（6）贝壳丝状体的检查　贝壳丝状体检查分为肉眼观察和显微镜检查两种。前期主要是用肉眼观察贝壳丝状体的萌发率、藻落生长及色泽变化等，后期则应加强显微镜检查，观察贝壳丝状体生长发育的情况。

肉眼观察主要观察贝壳丝状体颜色的变化，然后判断贝壳丝状体的发育情况。例如，贝壳丝状体发生黄斑病，壳面上会出现黄色小斑点；发生泥红病的壳面会出现砖红色的斑块；缺乏氮肥时，壳面为灰绿色；光照过强的呈粉红色，并在池壁和贝壳上长有很多绿藻和蓝藻。发育良好且成熟的贝壳丝状体，壳面呈土黄色，此时由于膨大藻丝大量长出贝壳外，在阳光下可以见到一层棕褐色的"绒毛"，如果用手指擦去"绒毛"，则可以看到许多红褐色的斑点分布在贝壳表面。

显微镜检查首先要溶壳去钙。溶壳剂有两种，一种为柏兰尼液，它是由 4 份 10% 的硝酸、3 份 95% 的乙醇和 3 份 0.5% 的醋酸配制而成；另一种是 7% 的醋酸海水溶液，虽然配制简单，但检查效果不如柏兰尼液，它会使贝壳丝状体细胞轻微收缩，并脱色。溶壳时首先要把待检查的含丝状体的贝壳剪成小块，倒入柏兰尼液，过几分钟，将藻丝层剥下，置于载玻片上，用镊子撕碎，盖上盖玻片，挤压，使藻丝均匀散开，然后再置于显微镜下观察。观察的主要内容是丝状藻丝不定形细胞的形态及发育情况，并记录膨大藻丝出现的时间和数量，双分孢子（开始形成壳孢子）出现的时间和数量。双分孢子比率则以占孢子囊枝细胞的百分比表示。一般发育成熟的贝壳丝状体，其双分孢子应占膨大藻丝细胞的40%～60%。

3. 调控贝壳丝状体成熟和放散的技术措施

在坛紫菜育苗生产中，都希望采苗时壳孢子能够集中且大量放散，并能附着在网帘上。但是由于培养条件和培养技术不同等原因的影响，贝壳丝状体往往无法如期成熟和放散，需要采取一些技术措施调控贝壳丝状体的发育与成熟，使其在需要时能够集中大量放散壳孢子，以便有计划地安排生产。

（1）促熟　如果采苗季节已到，但贝壳丝状体尚未发育成熟，为了不影响生产，就要采取相应的技术措施促使贝壳丝状体在短期内成熟。坛紫菜贝壳丝状体的促熟措施主要有以下几点。

①增施磷肥或单施磷肥（不施氮肥）。壳孢子囊枝形成、生长和发育都需要大量磷肥。8月中下旬，孢子囊枝开始形成壳孢子囊枝时，加大磷肥量，对双分孢子的形成有利。此时，磷肥浓度可提高到15～20毫克/升。

②缩短光照时间和减弱光照度。壳孢子囊枝在弱光和短日照条件下会大量形成，因此可以通过缩短光照时间或减弱光照度促进壳孢子囊枝的成熟，如果贝壳丝状体成熟度不够，在生产中可以在7月下旬或8月上旬开始缩短光照时间，缩短光照时间第1周，光照时间为10小时（7：00—17：00），其余时间用黑布遮池或遮窗；第2周起，光照时间控制在8小时（8：00—16：00），其余时间黑暗。光照度控制在500～800勒克斯，这样经20～25天即可见效。

③保持较高的育苗水温（28℃）。水温在28℃时，贝壳丝状体成熟较快，由于现在大多数育苗池没有控温系统，育苗室的水温会随天气情况发生变化，所以在夜晚或是阴雨天、台风天和有冷空气的情况下，室外气温下降时，要关窗保温。

④下海促熟。上述措施不明显时，可将贝壳丝状体下海促熟，促熟的海区，要求透明度大、风浪较小，将贝壳装在网袋中悬挂在深水浮筏上，一般需7～10天，每隔2天检查1次，如果已经形成双分孢子，就要及时取回，以免孢子在海区自然放散。对于晚熟品系的贝壳丝状体培育，可将采果孢子的时间适当提前，延长贝壳丝状体的培育和促熟时间。

（2）促放（促使壳孢子大量放散）　相比条斑紫菜，坛紫菜壳孢子的放散比较困难。为了使成熟的坛紫菜壳孢子能集中大量放散，生产上往往采取以下措施。

①下海刺激。大潮时，在采苗前1天下午，把贝壳装进网袋，用船运到潮流通畅的外海，把贝壳挂在船边，船停在海上，让水流刺激一个晚上，翌日早上取回即可放散（图3-15）。

图3-15　贝壳丝状体下海刺激促放

②室内流水刺激。有的育苗池离海边远，挑贝壳较麻烦，也可以在室内安装造成水流的动力装置，形成人工水流（模拟海区水流）刺激贝壳丝状体，促使壳孢子在短期内集中大量放散。刺激24小时的效果比12小时的好，刺激过程最好能配合更换新鲜海水，1～2天更换1次（图3-16）。

（3）抑制贝壳丝状体成熟的措施　如果暂时不让贝壳丝状体在短期内大量成熟，也可采取抑制成熟的方法。抑制坛紫菜贝壳丝状体成熟的主要措施有以下几个。

①恢复全日照和提高光照度。缩短光照时间后，贝壳丝状体迅速发育成熟，如果不及时采果孢子，应恢复全日照和提高光照度至1 000～1 500勒克斯，即可抑制贝壳丝状体继续成熟。

②停止施肥。不施磷肥，也是抑制成熟的方法。

③低温处理。贝壳丝状体培育后期正处在高温季节，此时成熟最快，如在可能的条件下降低培养温度，则可推迟贝壳丝状体的

图 3-16 贝壳丝状体室内流水刺激促放

成熟。

（4）抑制壳孢子放散的措施 如果采苗条件不具备，需要将壳孢子大量放散时间推迟时，可用黑暗处理或干燥脱水等方法抑制壳孢子的放散。

①黑暗处理。将贝壳丝状体放置于桶内，盖上盖子使桶内处于完全黑暗状态，置于通风阴凉处，保存 15 天后取出，仍然可以大量放散壳孢子，壳孢子也能正常生长发育。

②不干燥脱水处理。用塑料袋装贝壳，加入少量海水后将袋口扎紧并置于桶内，盖上盖子，放置于阴凉通风处，盖上草帘，4~5 天后解除抑制条件，贝壳仍然可以大量放散壳孢子。

（五）自由丝状体的培养和管理

1. 自由丝状体的由来、优点和形态

自由丝状体是使萌发的果孢子不钻入贝壳内，而让其在人工配制的培养液中生长，成为游离状态，因此又称其为游离丝状体（彩图 28）。自由丝状体和生长在贝壳内的丝状体一样，也可以形成壳孢子囊枝、放散壳孢子用于采苗生产。

自由丝状体作为种质保存的手段最大的优点是可用单株采果孢子，通过自由丝状体的扩大培养，可以获得大量纯种。另外，也可以利用自由丝状体代替果孢子移植到贝壳上，进行贝壳丝状体育

苗，推广纯种生产，更新养殖种群，并使养殖种群纯种化。

由于贝壳丝状体和自由丝状体生活的环境不同，在形态上有很大差异，自由丝状体的细胞都明显比贝壳丝状体的大（表 3-1）。

表 3-1　贝壳丝状体与自由丝状体的形态（微米）

类型	指标	贝壳丝状体	自由丝状体
丝状藻丝细胞	长	10～50	50～80
	宽	2～2.5	2.5～5
孢子囊枝细胞	长	20～30	20～40
	宽	10～12	10～20

2. 自由丝状体的培育与管理

（1）准备工作

①培养液的制备。坛紫菜自由丝状体的培养一般以经 80～90℃加温消毒处理后的过滤海水（注意不能加温至 100℃；否则，易使海水中的微量元素发生沉淀）作为培养液，使用时每升海水再添加甲乙营养盐母液 1 毫升即可（表 3-2）。

表 3-2　坛紫菜自由丝状体培育的营养盐母液（1 升）配方（克）

分组	营养盐	萌发期	生长期	成熟期
甲	KNO_3	80	60	40
	KH_2PO_4	10	20	30
乙	EDTA-Na_2	4	4	4
	维生素 B_{12}	0.1	0.1	0.1
	$FeSO_4$	5	5	5

②培养器皿的消毒。用于自由丝状体培养的三角烧瓶、广口瓶等透明玻璃器皿，以及镊子、毛笔等都要煮沸或高温烘干消毒后才能使用，也可用次氯酸钠浸泡处理（图 3-17）。

③种藻的处理。自由丝状体培养的关键在于不能被杂藻污染，而杂藻的来源主要是种藻和未消毒彻底的培养海水。用于自由丝状体培养的种藻用量很少，但选择和处理必须非常严格；否则，极易

图 3-17　培养器皿消毒

造成自由丝状体培养失败。处理的方法是先将种藻无果孢子囊的藻体剪除，然后在消过毒的清洁海水中充分漂洗，再放入装有无菌海水的白瓷盘中仔细用毛笔逐叶洗刷 4～6 次，再放入烧杯中，注入无菌海水并振荡洗涤，洗净的种藻摊在清洁的竹帘上，盖上消毒纱布阴干备用。

（2）采果孢子的方法　用于自由丝状体培养的采果孢子方法与贝壳丝状体培养时的采果孢子方法基本相同，但要求在无杂藻污染的条件下进行。通常有以下 2 种方法。

①培养瓶直接加入果孢子囊片。将经过严格消毒处理并阴干的果孢子囊片放入培养瓶中（种藻大小为瓶底面积的 1/5～1/4，冷冻藻的用量为瓶底面积的 1/4～1/3），注入消毒海水，并将培养瓶斜靠一面，使放散出来的果孢子能自然附着于瓶的一面，然后再斜靠另一面，最后将瓶子放正，并去除放散后的果孢子囊片。通常如果室温为 15～20℃，种藻放散 2 天；如果室温＜15℃，则种藻可放散 3 天。放散结束后取出种藻，15 天后可看见瓶底长出一层粉红色的丝状体。

②果孢子液直接加入培养瓶中。将经过严格消毒处理并阴干的果孢子囊片放入大烧杯中，促使其放散制作果孢子液；制作好的果孢子液经计数后，按照所需要的果孢子液量加入培养瓶中（含 400 毫升培养液的培养瓶中可加入 5 万～10 万个果孢子），搅拌均匀后

将瓶子倾斜放置 1 小时，再调整到另一倾斜面，最后放正。15 天后同样可看见瓶底长出一层粉红色的丝状体。

（3）培养管理　自由丝状体在水温为 12～30℃ 的条件下均能正常生长，但在水温＞25℃ 时，应注意通风，避免温度大幅度上升；自由丝状体培养的光照度通常控制在 3 000～4 000 勒克斯，12 小时。

自由丝状体的培养常易受硅藻、蓝藻等杂藻的危害。这些杂藻通常是由于消毒环节上的疏忽所引起的，也可能是由于空气污染而造成的。在培养早期，如出现硅藻，不宜摇动，以免扩散污染，可以在刮底时，仔细将未受污染的自由丝状体刮下，换瓶培养；也可加入1～5 毫克/升的 GeO_2，处理 2～5 天后全部换水，可以杀灭大部分硅藻。在培养中期，如出现硅藻，一般都在瓶底，这时不要摇动瓶子，将悬浮在培养液上层的自由丝状体倒出，连续换瓶培养，即可清除硅藻。蓝藻污染通常在水温高的 7—8 月出现，严重时可导致自由丝状体死亡，可向培养瓶中加入 50 毫克/升的链霉素或 2 毫克/升的 $CuSO_4$，处理 2～5 天后全部换水，可杀灭大部分蓝藻。

3. 自由丝状体的分级扩增

（1）初级培养。从种质保存瓶中取出自由丝状体藻球(图 3-18)，用经高温消毒的组织粉碎机切碎至100～500 微米 （图 3-19），然后置

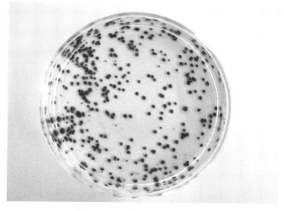

图 3-18　自由丝状体藻球

于 500 毫升的锥形瓶中黑暗静置培养 1 天，翌日更换 200～300 毫升培养液后恢复正常光照静置培养。培养浓度为每 100 毫升培养液约含 1 克（湿重）自由丝状体，培养期间每 15 天更换 300～400 毫升培养液。

图 3-19　自由丝状体粉碎

　　（2）二级扩增　将初级培养获得的自由丝状体用消过毒的组织粉碎机切碎至 100～500 微米，然后置于 2 000 毫升的锥形瓶中黑暗静置培养 1 天，翌日更换 1 200～1 500 毫升培养液后恢复正常光照静置培养，3～5 天后加入充气管进行充气培养（图 3-20）。空气需要经过 3 道过滤处理，使进入瓶内的空气无污染。培养浓度为每

图 3-20　自由丝状体充气培养

100 毫升培养液含 2～3 克（湿重）自由丝状体，培养期间每 10 天更换 1 200～1 500 毫升培养液。

（3）大量培养　将经过二级扩增的自由丝状体用经高温消过毒的组织粉碎机切碎至 100～500 微米，然后置于 10 升的锥形瓶中黑暗静置培养 1 天，翌日更换 6 000～7 000 毫升培养液后恢复正常光照静置培养，3～5 天后放入充气管进行充气培养（彩图 29）。空气需要经过 3 道过滤处理，使进入瓶内的空气无污染。培养浓度为每 100 毫升培养液含 4～5 克（湿重）自由丝状体，培养期间每 10 天更换 6 000～7 000 毫升培养液。

4. 自由丝状体的贝壳移植

自由丝状体和果孢子一样具有溶解碳酸钙的能力。将自由丝状体充分切碎后，移植到贝壳上，其同样能钻入贝壳中发育成贝壳丝状体，这种丝状体在秋季同样发育成熟，放散壳孢子，并且由于丝状体在壳层生长较浅，成熟度比较一致，壳孢子放散更为集中，有利于采苗。

移植的方法是接种前 10 天用消过毒的组织粉碎机将自由丝状体切碎至 2 000～3 000 微米，然后静置于玻璃瓶中黑暗培养 1 天，翌日更换 3/4 的培养液，正常光照静置培养 3～5 天后放入充气管进行

图 3-21　用喷壶进行自由丝状体采苗

充气培养。自由丝状体采苗前再用组织粉碎机切碎至 $200\sim500$ 微米，装入喷壶，并加入新鲜海水稀释混匀后，按照采苗密度要求，将其喷洒到贝壳上（图 3-21）。一般在过滤海水水温为 $15\sim25℃$ 时培养，附着的自由丝状体藻段可以钻进贝壳中生长，一般移植后，育苗池上应盖上黑布进行完全黑暗培养，3 天后即可去除黑布，恢复正常光培养，20 天左右即可见到贝壳表面上有粉红色藻点长出，其后即按常规贝壳丝状体培育的方法进行日常管理（彩图 30）。

5. 自由丝状体直接采苗

自由丝状体也可以用来直接采壳孢子苗。当秋季自由丝状体大量形成膨大藻丝细胞后，采用流水、通气和更换新鲜海水的方法，可促使自由丝状体大量形成双分孢子，并在流水刺激下，大量集中放散壳孢子。自由丝状体放散壳孢子，一般前 $2\sim3$ 天放散量少，随后 $5\sim7$ 天达到放散高峰期，以后放散量又减少，一般每 50 克（湿重）自由丝状体可以采 1 亩网帘。

（六）壳孢子的采集

坛紫菜栽培的关键是"种子"——壳孢子，播种就是把壳孢子经过人工处理使其附着在人工制备的基质网帘上。现在，经过多年的科学试验和生产实践，人们已经基本掌握了坛紫菜秋季壳孢子的放散和附着规律，利用秋季自然降温，促使人工培育的成熟丝状体在预定时间内集中大量放散壳孢子，并通过人工控制，按照一定的采苗密度，使壳孢子均匀地附着在人工基质上，这一过程就是坛紫菜的人工采壳孢子苗，通常简称为采苗。坛紫菜的采苗一般须在海水温度稳定在 $28℃$ 以下时才可以进行。根据海况和每个地区海水温度变化特点确定合适的采苗时间意义重大，如果采苗过早，海水温度高，易发生烂苗，而且容易附着绿藻、硅藻等杂藻，导致减产甚至绝收；如果采苗时间太迟，海水温度较低，不利于壳孢子的萌发和幼苗的生长，导致采收延迟，影响坛紫菜的产量。因此，采壳孢子苗是否顺利，一方面取决于丝状体培养的好坏；另一方面取决于采壳孢子的季节以及采孢子技术。

1. 壳孢子的放散与附着

（1）壳孢子放散的一般规律

①日周期性。坛紫菜壳孢子的放散有日周期现象，一般在每天10：00以前集中大量放散，下午放散量很少，甚至不放散。天气不同，出现放散高峰期的时间有所差异，晴天壳孢子放散的高峰期稍早一些，在8：00—9：00；阴天则稍微推迟至9：00—10：00。从这一规律看，应该在上午进行坛紫菜人工采壳孢子苗。此外，坛紫菜壳孢子放散的日周期变化也可以通过改变光照条件的方法加以改变。

②潮汐周期性。坛紫菜壳孢子的放散存在着潮汐周期性现象。自然海区的壳孢子一般集中在大潮时大量放散，小潮期间壳孢子放散量则明显减少。每次大潮时就出现一次放散高峰，主要原因是大潮期间潮汐振动力大，海水交换充分，流速也大，对丝状体产生较大的刺激，因而形成壳孢子放散高峰。这就是壳孢子采苗要在大潮时进行的原因。掌握潮汐周期对于自然采苗（菜坛采苗）和半人工采苗有重要意义。

③壳孢子的日放散量和大量放散出现的时间。坛紫菜每个丝状体贝壳每天放散的壳孢子量，称为日放散量。日放散量即平均每个丝状体贝壳从开始放散到放散停止这段时间内放散的孢子总数。采苗季节，每个丝状体贝壳日放散量的变化幅度非常大，多的每天每个贝壳放散壳孢子的量可达数百万个，少的只有数千个。壳孢子日放散量的多少与丝状体的发育成熟度密切相关，直接影响坛紫菜全人工采苗的效果。因此，在采苗季节，每天测定各育苗池中丝状体贝壳的日放散量是一项非常重要的工作。当6~7厘米的文蛤壳日放散量达到10万级以上，牡蛎壳达到0.4亿~0.5亿个/千克时，就称为大量放散，可以开始准备采苗。

坛紫菜壳孢子采苗一般在9月上旬到中旬，最晚不超过10月下旬。正常年份秋分时节，是坛紫菜采苗的最佳时节，此时海水水温约27℃，壳孢子萌发率高、萌发快、小叶状体生长迅速，可以增加采收次数和产量，因此传统坛紫菜采苗在秋分时节进行。现在在坛紫菜养殖中，也可在冷空气南下时，将采苗提前到白露时节。

同时，采苗时也要考虑到壳孢子的放散量，壳孢子放散量越大，采苗就越顺利，每天可以完成的采苗网帘数也就越多，当出现百万级以上的放散量时，网帘放在采苗池内只要几分钟、十几分钟就可以达到很好的附苗密度。不同地区，由于水温不同，壳孢子大量放散出现的时间会有差异。在同一地区，温度偏高的年份大量放散出现的时间稍有推迟；温度偏低的年份，大量放散出现的时间就稍早。

（2）壳孢子附着与环境条件的关系　壳孢子没有细胞壁，只有一层薄薄的原生质膜，非常容易附着到岩礁、竹、木、维尼龙绳、棕榈丝等基质上。在自然海区，坛紫菜壳孢子随着潮汐和海浪漂浮在海水中，遇到适宜的基质就附着在其表面。在生产中，借助壳孢子这种特点，人为创造条件，使它附着在人工编织的网帘上，然后进行人工养殖。壳孢子的附着与海水运动、采壳孢子时间、温度、光照、湿度、盐度等环境因素相关。

①海水运动。水流越大，附着量越大（表3-3）。坛紫菜壳孢子细胞的密度比海水略大，在静止条件下自然沉淀于池底。在自然界中，由于潮汐、波浪、海流等的影响，可以帮助壳孢子散布到各处，接触附着基质而附着。而在静止培养池内放出的壳孢子一般沉积在贝壳的凹面或池底，只有经过人为搅动才会漂浮起来。因此，壳孢子的附着与水流的大小密切相关，一般流水越畅通，采苗效果越好。

表3-3　水流与坛紫菜壳孢子附着率的关系

水流（厘米/秒）	1小时后附着孢子数（个）	附着率（%）
0	0	0
22	237	24
45	612	62
68	834	84
90	991	100

全人工采苗过程中，通常将网帘放置于贝壳丝状体上方，用气泵搅动采苗池内的海水，使壳孢子漂浮起来，增加壳孢子接触并附

着到网帘上的机会，从而增加附苗量。

②采壳孢子时间。壳孢子附着的速度非常快，短时间内即可附着，几乎碰到基质就附着。研究壳孢子的附着速度和采壳孢子时间对提高采苗效率具有重要意义。根据试验，在一定的孢子液浓度中，充分振荡海水，壳孢子就能在短短的 5 分钟内附着。而网帘在水中浸泡 5 分钟和 1 小时，附苗量没有多大区别。掌握了这一规律，就可以缩短采苗时间，增加采苗次数。一般认为，壳孢子放出后 2～4 小时，附着能力比较高，但 4 小时以后，附着能力就明显降低。

③温度。坛紫菜壳孢子在水温为 20～30℃ 时均可附着，附着的最适温度为 23～26℃。从生产的角度出发，早采苗、早收获（延长生长期），在不影响壳孢子附着的上限温度时，应尽量争取早采苗。现在，通常利用冷空气南下的机会，在白露时节进行坛紫菜采苗，取得了较好的效果。

④光照。坛紫菜壳孢子附着需要一定的光照度，但是关系不大，晴天室外采苗和室内多层重网采苗相差不大。室外采苗时光照度达到 10 000 勒克斯以上；室内多层采苗（24 张，每张折成 3 层，共 72 层），底层光照度只有几十勒克斯，但上下层附苗密度没有明显差别。但应该指出，壳孢子萌发与光照度关系密切，光照度高，萌发快。

⑤湿度。壳孢子刚附着时，耐干力很弱，一旦壳孢子形成细胞壁，并分裂发育成小叶状体时，耐干力就显著增强。如果采苗后需将网帘运送至离育苗场较远的地方养殖，则运输途中需注意保湿，防止壳孢子脱水干燥；在海区张挂网帘，也最好在涨潮时，边涨边挂，这样可以缩短壳孢子的干出时间，否则易造成壳孢子脱水死亡；也可将 4～5 张网帘暂时重叠一起张挂，这样可以起到保湿防晒的作用，待 2～3 天后再分开张挂。

⑥盐度。坛紫菜壳孢子附着的适宜盐度为 26～33，在河口区养殖场，遇到大雨时，盐度降低，要推迟采苗。盐度在 19 以下和33 以上都会影响壳孢子附着力和附着量。

2. 壳孢子采苗的季节

壳孢子采苗应根据所在海区的水温变化特点，选择壳孢子大量放散且自然界水温适合于壳孢子萌发成幼苗以及幼苗生长的时节。坛紫菜壳孢子放散的适宜温度为 24～26℃，所以过去人们认为壳孢子采苗的最佳时间是在白露过后的秋分时节，寒露次之，因为秋分时节的水温适宜壳孢子放散，但只考虑这一点还不行，应尽量在自然界水温适合于壳孢子萌发成幼苗和幼苗生长时采苗。坛紫菜采苗和下海的适温为 25～28℃，可在每年的白露趁冷空气南下时采苗。如果采苗时间偏晚，网帘下海后，附着的壳孢子在较低的温度下萌发出来，水温越低越不利于壳孢子的萌发生长，最后造成第 1次采收时间的推迟。所以，应根据具体情况选择采苗时间。

采苗应在大潮期间进行为佳。大潮期间，海水的变动范围大，流速大，潮差大，水质、营养盐等基本条件都比较优越，采苗的效果比较好。同时，大潮使贝壳丝状体大量集中放散壳孢子。小潮期间，由于海水流动慢，营养盐交换等的效果比较差，再加上退潮时正值中午，烈日暴晒，容易使刚附着的壳孢子被晒死，采苗效果受影响；而大潮期间中午为涨潮，网帘浮在水面上，刚附着的苗不易被晒死。因此，坛紫菜采壳孢子苗应选在大潮期间进行。

同时，采苗应尽量以延长叶状体的生长期、增加产量为原则。如坛紫菜在白露期间采苗比秋分早半个月，延长了半个月的生长期，产量明显提高。但必须在壳孢子附着适温范围内采壳孢子苗，现在生产上把坛紫菜采壳孢子苗提早到白露进行主要有以下根据：①利用白露期间大潮或冷空气南下，水温稍低时采苗，有利于壳孢子的放散；②待冷空气过后，水温升高，这时壳孢子已经萌发为两个细胞，水温高，萌发快，生长好；③白露比秋分早半个月，延长了半个月的生长期，提高了产量。

3. 采壳孢子苗前的准备工作

坛紫菜全人工养殖过程中，采苗网帘下海和出苗期的海上管理，是既互相衔接又互相交替的两个生产环节。由于这两个环节季节性强，时间短，工作任务繁重，是关系到后续养殖生产成败的关键环节。因此，在生产上必须提前做好采苗下海前的各项准备工作。

（1）提前确定养殖生产计划，选好养殖海区，备齐筏架、网帘、竹竿、浮球等生产的必需材料。

（2）坛紫菜养殖用的网帘必须提前浸泡和洗涤，将编织好的网帘先浸泡于淡水或海水中，并经搓洗、敲打和换水，直到水不起泡沫为止，晒干备用。使用前再用清水浸洗 1 遍。

（3）采苗前 2 天，准备好海区养殖用的筏架。

（4）采取室内采苗的，还应提前安装调试好室内采苗所必需的各种机械设备和装置。

（5）检查壳孢子的放散量　采苗季节到来之前，壳孢子发育已经基本成熟，这时每天都应进行 1 次壳孢子放散量的检查（简称"孢情检查"）。一般情况下，同一育苗池内的贝壳丝状体放散情况大体一致，但不同育苗池的贝壳丝状体放散情况则有很大差异，因此孢情检查要以育苗池为单位，检查的结果作为安排采苗任务和衡量贝壳丝状体培养好坏的主要依据。生产上大批网帘的采苗应在每个贝壳出现几十万个孢子以上的放散量时才能进行。

壳孢子放散量可采用覆片（或称覆壳）检查（图 3-22），这是生产上比较常用的一种方法。具体操作方法是在清晨任意取采苗用

图 3-22　贝壳丝状体放散量覆片检查

丝状体贝壳若干片（一般可取 4～6 片），以 2 片为 1 组，壳面向下，覆在放有清洁海水（海水量以刚淹没贝壳为准）的平底白色瓷盆中，静置不动，把白瓷盆放在与生产性育苗条件基本相同的窗台上，直至 12：00，轻轻掀起贝壳，在贝壳覆盖处，可以看到紫红色的孢子"堆"。孢子"堆"面积越大表示丝状体成熟越好（如孢子"堆"布满全壳位置，孢子放散量可达百万级；占 1/3 以上有几十万级；只占边缘部分约有 10 万个）。有条件的地方，还可以在覆片前后，用量筒测出盆内海水量，取出贝壳后，把盆内孢子"堆"搅拌均匀，制成孢子水，然后取孢子水 1 毫升，在显微镜下计数，把计出数乘以水体毫升数，再除以 2（贝壳数），即可以得到 1 个贝壳的壳孢子放散量。

（6）采苗前 1 天下午，将坛紫菜贝壳丝状体装袋（图 3-23），并运送到水流通畅的外海区进行流水刺激，翌日早上取回。

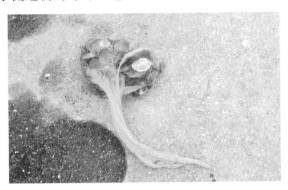

图 3-23 贝壳丝状体置于网袋中准备进行流水刺激

4. 壳孢子采苗的方法

坛紫菜壳孢子采苗分为室外采苗和室内采苗两种方法。室外采苗又可分为海区网帘泼孢子水采苗和菜坛泼孢子水采苗；室内采苗主要有流水式采苗、冲水式采苗、摆动气泡采苗、水车采苗等，至于哪一种方法为好，可以因地制宜，不必强求一致。

（1）室外采苗

①海区网帘泼孢子水采苗。是指成熟的贝壳丝状体，经过下海

刺激,使其集中大量放散壳孢子,然后将壳孢子水均匀地泼洒在已预先张挂于海区筏架的网帘上,达到人工采苗的目的(图3-24)。采用这种方法采苗所需要的设备简单,只要有船只和简单的泼水工具即可,操作也方便,而且在进行大面积的海区采苗时,效率比较高。但该方法采苗受天气条件限制,附苗密度不容易控制,且孢子水流失严重。

图 3-24　坛紫菜海区网帘泼孢子水采苗

采苗前需要检查孢情,习惯上一般在每壳出现几十万个壳孢子时才可以开始进行生产性采苗。采苗的前 1 天下午,将贝壳丝状体装入网袋内下海刺激,经过一个晚上的海流刺激,翌日 6：00 前取回。同时,在采苗前 1 天下午,需事先将网帘绑到筏架上,一般将20～30 张网帘网孔错开重叠绑到筏架上,以减少壳孢子流失。网帘不能绑得太早;否则,浮泥杂藻的附着会影响壳孢子的附着。采苗时,先把下海刺激的贝壳丝状体放在船舱里,加入适量海水,并不断搅动装有贝壳的网袋,使成熟的丝状体放散壳孢子,9：00—10：00在放散高峰期第 1 次泼孢子水,船舱再加点海水,让丝状体继续放散壳孢子,12：00 前再泼 1 次壳孢子水。采用该方法采苗应注意:当天放散的壳孢子必须当天用完,并且刚附上的壳孢子在海上至少有 3 小时的浸水时间;网帘挂养水层应掌握在表层至水深 10 厘米处,过深则不利于附苗;采苗 3～5 天后,应检查附苗密度,然后分散张挂网帘，进行分网养殖。

采苗所需的贝壳数量，如果以每个丝状体贝壳平均放散100万个壳孢子计算，则每亩仅需100个丝状体贝壳，但在生产上为了避免采苗不均匀或受不良环境影响，每亩常用400~600个贝壳，这样一般可以得到2亿~7亿个壳孢子，可以保证采苗密度。

②菜坛泼孢子水采苗。是将壳孢子水均匀地泼洒在潮间带的岩礁（菜坛）上，让其自然生长（图3-25）。

图3-25　菜坛泼孢子水采苗

（2）室内采苗　将经过流水刺激的成熟贝壳丝状体置于室内采苗池中，使其放散壳孢子，并附着于网帘上的方法就称为室内采苗。采用这种方法采苗，网帘附着密度均匀，采苗速度快，且可以节约贝壳丝状体的用量，但在后续的网帘运输过程中，需注意保湿防干。壳孢子的密度略大于海水，在没有水流的条件下，放散出的壳孢子大多会沉积在池底，因此在室内采苗过程中，需充分搅动池水，让壳孢子充分接触苗绳并附着其上。通常室内采壳孢子的方式因搅动池水的方法不同，分为流水式采苗、冲水式采苗、摆动气泡式采苗和水车采苗等几种方式。

①流水式采苗。在育苗池中间，安装马达和推进器，利用马达带动推进器，推动水流不断定向流动，进行采苗。这种方法设

备比较简单，常用于较深的大采苗池。该法在坛紫菜的全人工采苗中被普遍运用。

②冲水式采苗。贝壳丝状体放在铺好的网帘上，用水泵直接抽水，借水的冲力，使育苗池水不断流动，将壳孢子冲起进行采苗（图3-26）。冲水时要将池中各个角落的水全部搅动，冲水一般要间隔进行，一般冲10分钟、停10分钟，让壳孢子有时间附着。9：00—10：00是壳孢子放散高峰期，此时更要勤冲海水，以免错过壳孢子附着高峰。

图3-26　冲水式采苗

③摆动气泡采苗。将网帘固定于采苗池上端，采苗池底铺设数条与池等长的通气管，安装动力装置并送气于通气管内，带动通气管在池中来回摆动，使池子的海水翻动起来达到采苗的目的。这种采苗方式除了增加壳孢子附着机会外，还提供了充足的氧气，壳孢子萌发较好。

④水车采苗。制备好孢子水后，将网帘固定于水车上，通过水车的转动带动网帘于孢子水中旋转，从而达到采苗的目的（图3-27）。

5.附苗密度及其检查方法

在坛紫菜采苗过程中，需要经常检查壳孢子的附着量，当壳孢子的附着密度达到要求时，就可以捞起网帘，结束采苗任务。一般坛紫菜的附着密度控制在每亩3亿～10亿个。一般在9：00—10：00壳孢子放散高峰取样，如果每个壳孢子放散量出现百万级，则

图 3-27 水车采苗

需要在池水开始搅拌后的 10 分钟、30 分钟后开始取样，当发现壳孢子量到达附着要求时，可以停止采苗。在壳孢子放散高峰期采苗，所需要的时间往往很短，因此第 1 批苗出苗后，马上进行第 2 批、第 3 批采苗任务，以免耽误生产。生产中直接计算苗绳上的壳孢子数量比较难，也不准确，因此常用维尼龙纱法和筛绢网法计算。

（1）维尼龙纱法　以维尼龙网帘上的纱头作为检查壳孢子附着量的材料，每次取样用剪刀剪取长约 0.5 厘米的维尼龙纱束，从中任意选取数根单纱，分别在载玻片上摊平铺开后盖上盖玻片，置于低倍镜下计算出 1 个视野中的壳孢子附着数（彩图 31），共计数 10个视野，然后再换算成单位长度维尼龙纱上附着壳孢子的数量。坛紫菜采苗密度一般要求每毫米维尼龙纱附着 20 个壳孢子以上。维尼龙纱法的换算公式为：

$$N = c/d$$

式中，N 为附苗密度（个/毫米^2）；c 为每个视野下壳孢子平均附着数量（个/视野）；d 为显微镜视野直径（毫米）。

（2）筛绢网法　将 200 目筛绢剪成宽 0.7～1 厘米、长 4～5 厘米的小条，夹在采苗网帘上，与网帘一起放入采苗池内，每次取样时，取 1 小段铺放在载玻片上，用低倍镜检查筛绢上附着的壳孢子数量，先数出每个视野下的附着壳孢子数，然后换算成单位面积筛

绢网的附苗量。一般一个 10～20 米² 的采苗池每次可以剪取 2 小块筛绢网进行检查，每块任意检查 5 个视野，根据 10 个数据的平均值计算出附苗密度。由于各种显微镜的视野面积不同，还需要进一步测定各显微镜的视野面积，再换算成单位面积筛绢网的附苗量。换算公式为：

$$N=C/A$$

式中，N 为附苗密度（个/毫米²）；C 为每个视野下壳孢子平均附着数量（个）；A 为显微镜视野面积（毫米²）。

采苗时壳孢子的附着速度很快，因此检查时应做到勤、快；否则，附苗过密，不仅浪费大量孢子，降低采苗效率，也不利于后续的养殖生产。为了提高计数的准确性，应从池子的不同部位取样分别计数，然后取平均值。

为了保持池水干净，采苗期间要勤换水，每天采苗结束后无论是否出苗，都需要更换新鲜海水。在网帘出池后，需要将贝壳整理一下，清理采苗池的污物，清洗干净后注入新鲜海水，以免影响翌日采苗。

采苗过程中如果遇到壳孢子放散量不佳，没有达到附苗要求，可将网帘在池中暂养，翌日再补采；室内采好孢子的网，可以暂养在水池中，等海水条件合适时，再下海张挂，最好是边涨潮边张挂，缩短干出时间，降低死亡率。

二、坛紫菜的海上养殖

（一）海区选择

在坛紫菜生产上，养殖效果好坏与海区条件密切相关，因此养殖海区的选择是坛紫菜养殖生产中一个至关重要的问题。对于某个具体的海区来说，常常既有优点，又有缺点。所以选择坛紫菜养殖海区前，必须认真进行调查和反复比较后才能确定。

1. 海湾

坛紫菜是一种好浪性大型海藻，野生的坛紫菜多分布于风口浪尖的潮间带岩礁上，经历着风浪的不断冲刷。而在坛紫菜人工养殖中，往往东北向或东向海湾养殖的坛紫菜生长速度快、产量高且质量好。因此，选择坛紫菜养殖海区时，应选择风浪较大的东北向或东向海湾。

2. 底质和坡度

底质和坡度对坛紫菜的生长影响不大，但底质对筏架的设置和成叶期的管理影响较大，软泥质底退潮后海水混浊且浮泥容易附着在网帘上，杂藻多，管理不便。泥沙底质（图 3-28）较为理想，打桩方便，退潮后行动方便，有利于管理。礁岩质底不易打桩，且不平整，不易安装养殖设施，较少用于坛紫菜的人工养殖。

图 3-28 适合坛紫菜养殖的泥沙底质

坡度的大小直接影响半浮动筏式养殖，对全浮动筏式养殖模式影响不大。坡度大，海水回浪大，对筏架的安全有影响。坡度平坦，浮筏安全，可用于半浮动筏式养殖的面积大。

3. 潮位

主要是半浮动筏式养殖受潮位影响，而全浮动筏式养殖不受潮区限制。低潮区：大潮时干出 1～1.5 小时，坛紫菜干出时间短，生长速度快，但杂藻繁生也快，易附生硅藻而早衰老，而且养殖期间的管理和收割也不方便。中潮区：大潮干出 1.5～4 小时，干出时间最为合适，既可保证坛紫菜有足够的海中生长时间，又保证有

足够的干出时间。高潮区：大潮干出 4～6 小时，干出时间过长，生长慢，产量低。因此，目前坛紫菜养殖一般都选择从小潮干潮线附近开始，向高潮位方向多干出 3 小时的地带作为半浮动筏式养殖的适宜海区；而在退潮时不能干出的广大浅海区，则是全浮动筏式养殖的适宜海区。

4. 海水流动

海水流动是坛紫菜叶状体生长必不可少的条件，潮流畅通能保证水质新鲜，生长快，生长期延长，而且硅藻不容易附着，坛紫菜质量好。潮流不畅通的海区，气体和营养盐交换效果差，坛紫菜生长缓慢，而且容易发生病害。如果海水不流动，坛紫菜就不能生长，因为生长所必需的营养成分都由海水带来，海水不流动，必需的营养成分就无法补充。但如果海水流动速度过快，又会影响养殖器材的安全和栽培过程的管理，一般认为坛紫菜养殖区的海水流速为 20～30 厘米/秒（12～18 米/分）比较理想。

5. 营养盐

C、H、O、N、P 是藻类生长所必需的常量元素，在养殖海区C、H、O 元素的需求一般可以得到满足，但 N、P 的不足往往会成为坛紫菜生长发育的抑制因子。通常用含氮量来衡量一个海区是否有利于坛紫菜养殖，硝态氮和铵态氮都可以被坛紫菜利用。通常氮离子浓度超过 40 毫克/米^{3}的中肥区，坛紫菜生长好；氮浓度低于过 40 毫克/米^{3}的贫瘠海区，生长发育会受到限制，甚至发生绿变病。如果缺乏海水分析数据，可以通过观察海区中野生藻类的长势和色泽的颜色来判断：绿藻颜色深，海带呈深褐色是海区水质肥沃的象征；绿藻淡黄绿色，海带呈黄色，坛紫菜也呈黄绿色，说明水质贫瘠（表 3-4）。

表 3-4　不同营养海区坛紫菜和其他海藻的色泽

种类	肥区	瘦区
浒苔、石莼	深绿色	黄绿色

（续）

种类	肥区	瘦区
海带、裙带菜	深褐色	黄褐色
坛紫菜	黑紫色	黄绿色

一般在河口区有陆地径流带来的大量营养盐，含氮量比较高，但是该区海水盐度的变化幅度也比较大，如果长期使坛紫菜处于低盐度的海水中，藻体也易发病，因此盐度在19以下的海区通常也不适宜坛紫菜的养殖。

此外，还要重视工业污染问题，养殖海区不宜设在工业污染严重的海区、航道和大型码头附近，以免因船舶油污或船只撞击筏架而造成损失。

（二）养殖方式

1. 菜坛养殖

早在300多年前，福建沿海的渔民就利用自然海区岩礁增殖自然生产坛紫菜，这些岩礁被称作"菜坛"，这种自然增殖的生产方式称为菜坛栽培（彩图32）。在坛紫菜全人工育苗技术尚未发展起来之前，菜坛养殖是我国坛紫菜生产的主要模式。在每年的秋季紫菜壳孢子大量放散前，藻农用各种方法将潮间带礁石上的各种贝类及其他藻类清除干净，为坛紫菜壳孢子的附着准备好基质，一般在中秋前后，即可看见岩礁上长出紫菜苗，当苗长到10～20厘米时开始采收。这种方法实际上是属于自然增殖的范畴。以前，采用这种模式产出的坛紫菜是我国商品坛紫菜的主要来源，但由于菜坛面积有限，苗又是靠天然供应，容易受自然海况的影响，波动性很大，所以生产受到很大限制。在坛紫菜人工育苗技术成熟后，这种模式逐渐被淘汰。但近年来，由于野生坛紫菜价格一路走高，这种菜坛养殖模式又逐渐被南方沿海的藻农采用。此外，为了恢复潮间带的坛紫菜藻场，一些科研单位和生产单位采用喷壳孢子水的方法（人工培养贝壳丝状体，让其放散壳孢子，然后把壳孢子水泼到菜坛上，增加壳孢子的附着量），或者在菜坛上放置丝状体贝壳的方法，对菜坛进行采苗增殖试验，改变了过去完全依靠自然的状况，这种方法已经获得成效，正在南方沿海推广。

菜坛养殖主要包括两方面工作，一是清坛，用各种工具清除岩礁上附着的牡蛎、藤壶、杂藻等大的敌害生物（图 3-1）；二是洒石灰水，把一定浓度的石灰水洒在岩礁上，用以杀灭较小的杂藻及小动物，为壳孢子的附着扫除障碍，准备附着地盘（彩图 33）。洒石灰水一般需要重复 2～3 次，浓度为 8%～18%，主要根据菜坛上的杂藻多少而定，第 1 次浓度高一些，用 18% 的石灰水，第 2 次可改用 8% 的石灰水，第 1 次洒后 1 周再洒第 2 次，在白露前后再洒第 3 次，这时石灰水的浓度可改为 5%～6%（现在部分地方也改用低浓度的甲醛溶液代替石灰水进行喷洒，操作更为简便）。如果洒石灰水的工作做得比较适时，自然界放散的坛紫菜壳孢子又比较丰富，一般在最后 1 次洒石灰水后不久，在岩礁上就会长出许多坛紫菜小苗，一般见苗后 40～50 天，坛紫菜长到 10～20 厘米，就可以采收，以后每隔 30 天收 1 次，共收 3～4 次。藻农根据坛紫菜幼苗出现的早晚把菜坛分为早坛、中坛和晚坛。

2. 支柱式养殖

早期的支柱式养殖（彩图 34）是将竹竿或木桩直接固定在潮间带的滩涂上作为支柱，再将长方形的网帘按水平方向张挂到支柱上，使网帘随潮水涨落而漂浮和干出的一种紫菜养殖方式。这种方法最早出现在日本，现在在坛紫菜养殖中仍被广泛应用。该种养殖模式可以降低晒网、调网和收菜的劳动强度，但对养殖海区要求比较高，适合在内湾潮差相对较大、风浪较平静的泥沙底或硬泥底潮间带海区养殖。目前普遍使用的是改进版支柱式养殖，附有高度调节装置，方便进行干出处理。

3. 半浮动筏式养殖

半浮动筏式养殖（彩图 35）是我国独创的适合在潮差较大的海区采用的一种紫菜养殖模式，在坛紫菜和条斑紫菜中均被广泛应用。半浮动筏式养殖的筏架兼具支柱式和全浮动筏式的特点，即整个筏架在涨潮时可以像全浮动筏式养殖那样漂浮于海面，落潮时筏架露出水面时，它又可以借助短支架像支柱式那样平稳地支撑在海滩上，使网帘干出。半浮动筏式养殖与支柱式养殖一样，由于网帘都有一定时间的干出，杂藻不易附生，有利于紫菜的生长，紫菜产量高且质量好。但此方式只能在潮间带的中潮位附近实施，养殖面积受到较大限制。

4. 全浮动筏式养殖

全浮动筏式养殖（彩图 36）适合于在不干出的浅海海域养殖紫菜，在潮间带滩涂面积不大或近岸受到严重污染的海区采用这种养殖方式，就可以把坛紫菜养殖向离岸较远处发展。全浮动筏式养殖的筏架除了缺少用于支撑在沙滩上的短支架外，其余结构均与半浮动筏式养殖一致。这种养殖方式将网帘水平张挂于筏架上，随着潮水升降，退潮后不干出，在日本称为"浮流养殖"，如果出苗好，管理得当，产量比半浮动筏式养殖高。但此种养殖模式由于叶状体一直浸泡在海水中，不能干出，容易附生杂藻，不利于紫菜叶状体健康生长。因此，全浮动筏式养殖的筏架必须增设干出装置，现在往往采用泡沫浮球，在需要干出时，人为用泡沫浮球将筏架架离海面，使紫菜叶状体干出，但这种方法只适用于风浪较小的海区。

（三）养殖设施

坛紫菜的养殖筏架包括网帘（或竹帘）和筏架两个部分。

1. 网帘、竹帘

（1）网帘 网帘（图 3-29）是坛紫菜附着生长的基质，直接影响紫菜的产量和质量。理想的网帘材质应具备附苗好、杂藻和浮泥不易附着、轻便耐用、成本低等特点。

坛紫菜壳孢子附着性与网线材料的物理结构和对水的结合力有关。一般网线表面由几股 100 微米的网绳交叉形成凹凸的表面，有利于壳孢子的附着。采苗时，网帘材料吸水性越好，则附着的壳孢子数量就越多，而对于生长期的紫菜苗，网帘的沥水性越好，则坛紫菜苗的生长越好。容易沥水的网线不仅可以淘汰弱苗，而且淤泥

图 3-29 坛紫菜养殖网帘

不容易附着，杂藻也不易附生。因此，应选择既易吸水，又易沥水的材料制作网帘。此外，网帘大部分时间是漂浮在海水中的，轻一些的网帘有利于日常操作，因此密度为 0.7～0.8 克/厘米³ 的材料较好。壳孢子直径只有 10 微米左右，对于网线粗细要求不大，只需从它的强度来考虑粗细即可。网帘强度包括抗张强度、反复抗弯强度和耐摩擦力 3 部分。网帘要适应不同养殖海区的海况，以及操作过程中网帘与网绳、浮梗、浮竹之间的摩擦，因此网帘的粗细要适当，不然网帘容易破损。考虑以上几点，并通过生产实践的验证，在养殖中，聚乙烯和维尼纶花股混纺绳是目前较为理想的附苗器材料，绳粗为 60～90 股单线（直径 2～3 毫米）。

网帘一般由网纲和网片构成，网纲是网片四周的围绳，它承受了网帘大部分的拉力，因此需用比较粗的绳子，通常是网绳的两倍。网片是网帘的主要组成部分，是由菱形的网眼（网目）编织而成的。网眼密，可以增加附苗数量，但会影响潮流，一般网眼直径为20～30 厘米。

目前，各地坛紫菜养殖采用的网帘形状和大小都不一样。按照网帘的形状分，可以分为正方形网和长方形网。正方形网的规格一般为 1.5 米 × 1.5 米或 2.0 米 × 2.0 米；长方形网的规格较大，小的有 1.5 米 × 2 米，大的有 2 米 × 8 米。一般规格小的网帘，操作灵活，但是耗材料，费用高；规格大的网帘，节省材料，费用低，但笨重，操作时容易磨损坛紫菜。今后，坛紫菜养殖逐步向机械化发展，网帘的规格应向逐步统一的标准方向发展。

（2）竹帘　目前，在坛紫菜养殖的部分海区仍然有用竹帘作为附苗用基质的传统（图3-30）。竹帘一般以毛竹、芦竹或篾黄条为材料。整个竹帘一般用55～60条，长150厘米、宽1.2～2.0厘米的竹条编成。编帘时用长3.6米的篾片，按照顺序把竹条逐条夹住，竹条之间的距离为4～5厘米，竹帘全长约3米。

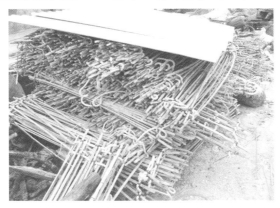

图 3-30　竹　帘

2. 筏架

（1）半浮动筏架和全浮动筏架

①半浮动筏架。不同的坛紫菜养殖方式对筏架的要求略有不同，半浮动筏式养殖的筏架一般由浮绠、橛缆、桩橛、筏架组成。

每台浮动筏架有2～3条浮绠（彩图37），每条长度一般为60米左右，不超过100米。浮绠长可以节省橛缆材料，但是长浮绠挂太多网帘易发生拔桩、断绠的危险，风浪大时也容易造成筏架侧翻。

橛缆（彩图38）通常用来固定浮动筏架，每台浮动筏架有2～6根橛缆，为了使筏架在高潮和低潮时都能保持绷紧状态并漂浮在水面，橛缆必须足够长；否则，浮动筏架和网帘的安全得不到保证，网帘上的坛紫菜也得不到合适的生长条件。半浮动筏架的橛缆长度（从橛子或锚至第 1 张网帘的长度）不得小于当地最大潮差值的 4 倍。橛缆与浮绠的粗细应根据养殖海区水流、风浪及筏架的负荷而定，一般采用直径为 16～18 毫米的聚乙烯绳。

桩橛是将浮动筏架固定在海底的设施，一般根据海底底质特点和各地习惯选用。泥砂底或淤泥底常选用竹桩和木桩，砂泥底常用石桩。底质软则入桩要长，一般为 1.6 米以上；底质硬的稍短，一般为 0.8～1 米。

筏架（彩图 35）由浮竹和支脚组成，浮竹一般选用毛竹，起漂浮和支撑网帘的作用，长度比网帘宽度长 30 厘米左右。支脚是半浮动筏式养殖模式特有的，其主要作用是退潮后支起整个筏架，使网帘干出，高度一般为 50～70 厘米。为了增加筏架的稳定性和浮力，常在筏架两端设置双架，也有在两端设置浮子的，以确保涨潮时两端网帘能浮出水面。

②全浮动筏架。全浮动筏架除了没有支脚外，其他和半浮动筏架的结构基本一样。为了适应网帘干出的需要，不少生产单位和科研部门进行了多种试验，制造了各种筏架结构和养殖器材，其中三角式、翻转式和平流式等全浮动筏架的性能较好。

三角式全浮动筏架是由两条浮绠组成的筏架，浮绠长 60 米，橛缆长 27 米，每台筏架用直径为 27 厘米的玻璃浮子 32 个，直径为 3 厘米、长 1.6 米的浮竹 62 支。设置筏架时应注意适当加大桩橛间的距离，使橛缆呈八字形。网帘长 12 米、宽 2 米，网目为 27 厘米，网帘的中部增设 1 条网绳，每台筏架张挂网帘 5 张，总面积 120 米^2。网帘和两边浮绠间的空隙宽度为 40～50 厘米。两条浮绠之间，每隔 4 米有 1 个铁钩和 1 根长拉绳，位置在网帘下方靠近玻璃浮子处。为了防止网帘中部下沉，在网帘中部的网绳上还可以加几个小浮子。操作时依次拉紧带铁钩的拉绳，把小钩挂在浮绠上。在两条浮绠靠拢的过程中将浮竹和网帘向上拱起呈三角形，使网帘出水干出。干出结束后只要取下挂钩，筏架即可恢复原状。这种筏架结构具有省料、成本低、抗风浪性能好、操作简便等优点。

翻转式全浮动筏架（图 3-31）在宁波一带比较成熟，主要由两条浮绠组成 1 行（浮绠长 80～90 米），可挂网帘 4 张，浮绠中每隔 2 米固定 1 条直径 3～4 厘米、长 2 米的竹竿，可使浮绠和网帘水平展开。竹竿两头各固定 1 个实心圆柱状泡沫塑料浮子，直径 30～40 厘米，高 60～80 厘米（彩图 39）。平时浮绠、网帘、竹竿均浸在水中，浮子在水面上，操作时把筏架翻转，使浮子在下，将浮绠、网帘和竹竿托离水面，使坛紫菜和网帘干出，结束后重新把筏架翻转过来即可。

平流式全浮动筏架结构接近翻转式，主要由两条浮绠组成 1 行，把网帘固定于浮绠中间，网帘与浮绠保留 20～30 厘米间距。在两条浮绠上适当布置实心圆柱状泡沫塑料浮子 25～30 个。平时网帘和浮绠一直浮在水面。该方式不设干出装置，只需每次采收坛紫菜完毕后，把网帘运到岸上干出 1～2 天，再重新挂到海区，直到下次采收。

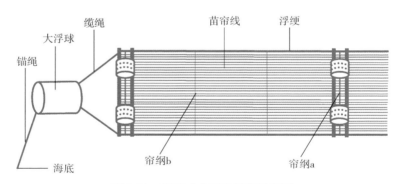

图 3-31　翻转式全浮动筏架示意图

（2）支柱式筏架　支柱式养殖和半浮动筏式养殖的主要差别是支脚，半浮动筏式养殖模式具有 50～70 厘米的支脚，支柱式养殖不用支脚，而是以整根竹竿或是塑料杆作为插杆，用吊绳将插杆上端与浮竹相连，呈斜拉索状，退潮时使网帘悬空。插竹规格以海区而定，一般直径为 10～15 厘米，长度为 5～10 米。插杆和浮竹之间的吊绳长度可以调节，可以根据不同海区、潮位、时间、季节与晒网需要调整网帘的干出时间。

3. 海上设置和布局

筏架的海上设置在坛紫菜养殖中十分关键。在一定面积的海区内，能够设置的筏架数量是有限的，不能无限制地增加。近年来，由于坛紫菜养殖效益较好，藻农养殖坛紫菜的积极性很高，盲目无限制地扩大养殖面积，不断缩短筏架之间的距离和增大网帘密度，造成潮流不畅，养殖海区被超负荷开发，坛紫菜的质量、产量都有所下降，若海况条件不利，会使病害肆虐，给坛紫菜养殖带来严重的损失。

在大面积养殖海区为了保证潮流通畅，应根据不同海区的海水流动状况及营养盐供应情况，对坛紫菜养殖筏架进行合理设置。一般筏架都采用正对或斜对海岸，与风浪方向平行或成小的角度。养殖小区、大区之间都应留出一定的通路或航道。生产上，坛紫菜养殖筏架的合理布局应当是筏架间距为 8～12 米，小区（由 10 个筏架组成）间距离为 20～25 米，大区（由 3 个小区组成）间距离为40～60 米。

（四）养殖管理

1. 出苗期的管理

从网帘下海到出现肉眼可见的幼苗为止，这一时期称为坛紫菜的出苗期。这段时间内，杂藻和浮泥对坛紫菜壳孢子的萌发、生长有较大影响。因此，出苗期要保持潮流通畅，并要经常冲洗苗帘，以保持苗帘清洁。同时，在出苗期要保证每次潮水有 2～3 小时的干出时间，这也是提高壳孢子萌发率、保持苗种健康生长的重要措施之一。

坛紫菜从采孢子到肉眼见苗，一般需 10 天左右，长到 1～3 厘米最多需 20 天，出苗期应加强管理，力争做到早出苗、出壮苗、出全苗。

2. 掌握合适的潮位

一般潮位不同出苗的情况也不同。潮位略高区域的网帘干出时间较长，出苗时间较迟，但是苗量多、杂藻少；在最适宜潮位区域的网帘出苗早、量大，杂藻较少，一般可以不晒网，但是如果发现杂藻经汛潮干出后仍然没有晒死，则可以适当晒网；在潮位较低区域的网帘，杂藻生长迅速，而且浮泥较多，需要经常晒网和冲洗浮泥。因此，选择适当的潮位出苗，既可节省人力，又可获得较好的出苗效果。一般来说，潮位在大潮时干出 4.5 小时是适于坛紫菜出苗的潮位。

3. 苗网的管理

苗网下海后的管理工作主要是清除浮泥与杂藻。坛紫菜采苗的最初几天为了避免晒死幼苗，可在干出后不断泼水以保证幼苗湿润。壳孢子刚萌发不久的网上由于浮泥与杂藻的附着，妨碍幼苗生长，推迟见苗日期，重者全部包埋幼苗，使幼苗长时间不能生长而死亡。因此，应及时清洗苗帘，并进行晒网（彩图 40）。晒网应在晴天进行，将网帘解下，移到平地上或晒架上摊平暴晒。晒网的基本原则是要把网帘晒到完全干燥，这可以根据手感进行判断，但还需要根据坛紫菜苗的大小情况判断。晒网结束后，应尽早将苗网挂回筏架上，如不能及时将苗帘挂回，则应将网帘卷起，暂放于通风阴凉处，切忌将大批没有晒干的网帘堆积在一起过夜。

4. 出苗前的施肥

坛紫菜养殖过程中，见苗以前基本不施肥，因为我国南方沿海的海水往往比较肥沃。如果网帘下海 15 天后仍不见苗或苗数量很少，要及时镜检，若是苗严重不足，则应及时重新采苗，以免延误养殖时机。

（五）紫菜苗的运输

1. 短途运输

短途运输是指采好苗的网帘需经半天以内的运输。在途中应用湿草帘或彩条布遮盖，避免暴晒，运输途中注意保湿，运到养殖海区后及时下海张挂。

2. 长途运输

长途运输是指采好苗的网帘需经 1～3 天的运输。坛紫菜网帘长途运输应尽量选择刚附着好苗的网帘，采用遮光淋水的方法运输。坛紫菜幼苗耐干燥能力较强，因此也可以采用大苗网脱水后干运，一般成功率较高。

（六）成叶期的养殖和管理

当坛紫菜网帘被 1～3 厘米的幼苗所覆盖后，就意味着出苗期的养殖结束，开始进入成叶期的养殖。这一时期管理得好，产量可以增加；如果管理不当，会使产量受到影响。主要管理工作有筏架管理、调整网帘、不同潮位网帘的对调、施肥、冷藏网的使用等。

1. 筏架管理

每天巡视，特别是遇到大风浪时更要加强防范。检查网帘是否拉平、绑紧，防止卷、垂，纠正高低不平的筏架，使其保持在一个平面上，重新编排因风浪挤在一起的竹架与网帘；检查固定装置是否牢固，如竹、木桩或石砣是否移位，桩橛和浮缆有无磨损与断裂，发现问题及时调换、加固，确保生产安全。如果养成期间遇到 8～9 级大风，防护不到位可能有拔桩的危险，可采取加固筏架或放松浮缆等方法防风抗浪，也可把筏架移至避风处，但要保持网帘湿润，待大风过后再下海。出苗与养成阶段污泥沉积，易造成坛紫菜生长困难和腐烂脱落，所以要在涨潮时经常冲洗网帘，保持网帘干净。

2. 调整网帘

网帘刚下海时，大多采取数网重叠的方法进行培育。见苗以后，藻体逐渐长大，如不及时稀疏，幼苗互相摩擦，互相遮光，互相争肥，将严重影响幼苗生长，严重时开始掉苗，这时应对网帘进行稀疏、单网张挂。移网最好在涨潮后进行，或边退潮边拆网。如果在干潮后，幼苗已经晒干紧贴在网线上，又互相纠缠在一起，这时拆网便容易损伤幼苗，造成幼苗的流失。

坛紫菜进入成叶期养殖以后，藻体生长的适宜潮位不是固定不变的，应根据藻体的大小，适当调整坛紫菜的干出时间。幼苗培养期间的合适潮位是大潮时干出 3～4.5 小时，成菜养殖期间的潮位可以适当调整为大潮时干出 2～4.5 小时，后期则可以调整为大潮时干出 5～7 小时。

3. 不同潮位网帘的对调

坛紫菜下海后，出苗期藻体的生长在低潮位最快，中潮位次之，高潮位生长最慢，在低潮位的生长速度是高潮位的 5～6 倍，是中潮位的 2～3 倍；至生长中期，低潮位的坛紫菜逐渐向宽度增长，宽度生长超过长度生长，高潮位的生长缓慢；到了后期，高、中潮位的生长相对都比低潮位的生长快，而长期在低潮位养殖的坛紫菜叶状体附着硅藻多，衰老提早，生产也就较快结束。若将网帘由低潮位移到高潮位，则可以抑制硅藻的附着和生长，从而延长生长期，提高产量。因此，在坛紫菜养殖过程中，应根据生长情况及杂藻的附着情况，将高低潮位的网帘进行对调，以保证坛紫菜藻体又快又好地生长，提高坛紫菜的产量和质量。

4. 施肥

南方海水含氮量比较高，水质比较肥沃，一般不施肥即可正常生产。但实践证明，施肥可似减少绿变病的发生，可以促进坛紫菜的生长，增加光泽，提高质量。在生产上以施氮肥为主，可将肥料配成 5/1 000 或 10/1 000 的溶液，用水泵均匀地泼洒在养殖海区上。

5. 冷藏网的使用

冷藏网技术是利用紫菜叶状体耐干和耐低温的特点，将幼苗为 3～5 厘米的紫菜网帘从海区回收，装袋密封，放到冷库中储存，待需要时出库恢复张挂养殖的方法。冷藏网技术于 20 世纪 60 年代在日本普及和推广，是日本紫菜养殖的三大技术革新之一。目前也已在我国的条斑紫菜养殖中广泛应用，但在坛紫菜中应用还比较少。

在坛紫菜养殖中，由于海流、气候条件的影响，坛紫菜会发生生理性腐烂和细菌性腐烂，使坛紫菜生产不能按计划进行，轻者减产，重者无收。利用冷藏网，在壳孢子附着网帘、长到一定大小后把紫菜网运上岸经过处理后置于冷藏库中保存，待海况好转、腐烂期过后再把冷藏网出库下海养殖，这样可以起到防病和稳定生产的作用。如近年来在坛紫菜养殖中频繁发生的高温烂苗事件，如果采用冷藏网，高温期将紫菜置于冷藏库中保存，待腐烂期过后再出库养殖，就可以保证生产正常进行，减少损失。同时，利用坛紫菜和绿藻耐受的温度不同，掌握冷藏的合适温度，能够有效去除坛紫菜苗网上的杂藻。第 1 次采收的坛紫菜称为"头水菜"，具有细嫩、口感好、营养价值高等特点。利用冷藏网养殖多茬"头水菜"可以显著提高坛紫菜的产量和质量。因此，采用冷藏网技术，可在坛紫菜养殖中发挥防病、稳定生产和提高坛紫菜产量、质量的重要作用。

（1）低温冷藏的依据　低温冷藏的原理是低温使紫菜细胞的代谢活力降低，相当于种子的休眠状态。紫菜通过干燥处理和低温冷藏，可以起到以下作用：①降低细胞含水量，减少细胞内冰晶体的产生，使细胞在低温时不会被冻伤。由于水变成冰后体积会增大，当活细胞遇到低温时，细胞内产生冰晶体对细胞产生机械破坏，这是冻害发生的主要机制。紫菜细胞的含水量越高，析出的冰就越多，细胞受到的破坏就越大。②提高原生质浓度，降低冰点。紫菜藻体经过干燥处理之后，含水量减少，细胞液的浓度增大，其冰点下降，因而在相当的低温条件下，也不至于结冰，因此紫菜就不会死亡。

经过阴干的紫菜藻体原生质在 $-34 \sim -33℃$ 时才会出现结冰的现象，如果把紫菜网置于 $-30 \sim -20℃$ 密封冷藏，紫菜的成活率可达 90% 以上，即使长期冷冻，死亡率也很低。因此，可以认为紫菜冷藏网的冷藏温度以 $-30℃$ 为最低界限。

（2）冷藏网制作过程

①干燥。坛紫菜冷藏网在冷藏前，首先要进行脱水干燥，把细胞含水量降低到 15% ~ 20% 为宜。肉眼观察，干燥程度的标准是

藻体叶片发硬、手拿时叶片不会下垂，拉长时有弹性，弯曲时不易折断；叶面有光泽，表面有白色晶体析出。

②幼苗规格。冷藏的幼苗大小以2～4厘米健康的藻体为最好。幼苗太小，出库后到采收需要较长时间，苗超过5厘米再冷冻，在干燥过程中容易受伤，而损伤的藻体对成活率有影响。

③装袋密封。将阴干后的苗网装入0.2毫米厚的聚乙烯袋内，挤出空气，将袋口扎紧密封，再装入纸箱中，就可以冷藏。采用透明的聚乙烯袋密封冷藏，具有以下3个优点：一是可以保持一定的含水量（20％），使幼苗不至于过分干燥而死亡。如果不装袋密封，在冷藏中水分不断损失，使细胞赖以生存的水分都丧失掉，就造成叶状体因过分干燥而死亡。二是抑制呼吸作用，降低细胞自身的能量消耗。装入袋内的叶状体，依靠袋内的氧气进行呼吸，并放出二氧化碳，在袋内产生分压，而这种分压能抑制紫菜的呼吸作用，减少紫菜本身的营养消耗，所以能够保持较长的时间。三是可以鉴别干燥程度是否适宜。0.2毫米厚的聚乙烯袋内，网帘清晰可见，说明干燥程度适宜，如果袋内看起来比较模糊，说明干燥差，含水量过高，易造成冷藏网出库后幼苗大量脱落死亡。

④冷藏的温度。将密封包装后的网帘先置于速冻库中降温至-20℃，然后移到-22～-18℃的冷冻库冷藏保存。整个冷冻过程中，冷藏温度要保持稳定。

（3）冷藏网的出库和网帘张挂的方法。

①出库时间。冷藏网出库下海时间主要根据计划生产、海况、病害和坛紫菜生长情况而定。采用冷藏网进行二茬养殖时，一般在11月下旬出库。若遇到病害，可根据实际需要适时出库。

②出库和下海方法。从冷库中取出冷藏网时，应连聚乙烯袋一起取出，并迅速浸泡于20℃左右的海水中，待网帘叶片舒张开之后，绑挂于台架上进行栽培。在此过程中，需要注意以下几点：一是冷藏网出库要避开低水温期，12月下旬以后出库，因水温低，坛紫菜幼苗生长慢，效果不太理想；二是冷藏网出库后，必须在短时间内运到海区张挂，否则将影响幼苗的成活率；三是冷藏网从袋

里取出后不要立即拆网，应浸在平静的海水里待叶片舒张开后再拆网张挂；四是出库张挂后的冷藏网在开始的 4～5 天，应尽量避免干出；五是坛紫菜栽培的中期、后期，可采取延长干出时间，或者下降水层减弱光照度以降低紫菜同化作用的方法来防止紫菜过早老化。

三、病害防控

（一）发病原因

坛紫菜的病害很多，到目前为止，已发现 10 余种，其中有些病害的发病机理、症状及防治方法已经明确，但有些则尚不清楚。坛紫菜的病害大致可以分为 4 种类型：第 1 种，由病原菌的侵袭引起的传染性疾病，如由紫菜的腐霉菌、壶状菌、变形菌引起的赤腐病、壶状菌病及绿斑病等；第 2 种，由环境条件不适宜而引起的紫菜生理失调所造成的病害，如常见的缺氮绿变病，由网帘受光不足、海水交换不足及海水盐度低引起的白腐病、烂苗病、孔烂病等；第 3 种，由海水污染引起的，如某些化学有毒物质的含量过高或赤潮所致的病害；第 4 种，由紫菜种质退化引起的，多年藻种自留自用、近亲繁殖造成坛紫菜种质退化严重，抗病能力减弱，适应环境能力差，环境或其他条件稍有不适就容易引起大规模病害。此外，人为因素也是造成或加重坛紫菜病害的诱导因素，如盲目提早采苗时间，以及养殖过程中的苗密、网帘密、筏架密等"三密"问题。

（二）室内育苗阶段的主要病害

1. 黄斑病

黄斑病（彩图 41）是常见的、危害较大的坛紫菜丝状体病害之一，是由好盐性细菌所引起的。贝壳边缘出现黄色圆形斑点，以后不断扩大，病斑连成一片甚至遍布整个壳面，至丝状体死亡。此致病菌是好氧性细菌，光线偏强、温度升高、盐度上升时易发生。

表层及中层贝壳易发病，盛夏易患此病。

【治疗】此病传染性强，患病的贝壳丝状体均应进行隔离培养。一旦发病，可用相对密度较低（1.005～1.010）的海水浸泡2～5天，也可以用淡水浸泡1天，当病斑不再扩大或是由黄色变白色时，说明病情得到控制；也可以用2毫克/升高锰酸钾溶液浸泡15小时；或是用2～5毫克/升有效氯海水浸泡5～7天。

2. 色圈病

色圈病是由微生物引起的疾病，发病初期不易观察，丝状体不同程度褪色形成同心圆圈，相交处有明显的分界线，并有3～5毫米的褐红色圆圈，在其外面又有一圈黄白色圈。发病和治愈得早的贝壳丝状体白圈部分仍可长满藻丝。低盐度、低光照易发生，常常是底层的贝壳先发病，然后向上扩散。

【治疗】可用有效氯含量为2～5毫克/升的海水浸泡2～3天；或是在不脱水的情况下，把患病的贝壳丝状体置于阳光下直射15～20分钟。

3. 泥红病（红砖病）

泥红病发病初期丝状体呈红砖色，因此也称为红砖病，是由微生物引起的。发病时壳面有泥红色或朱红色斑块，有黏滑感和腥臭味，如果处理不及时，病害很快会蔓延。起初在培养池的边缘和角落发生，随后蔓延至水池中央。水质不好易发病；新的育苗池碱性强，池底易发病（光线弱），表层和中层发病少；8—9月水温高，也易发病。

【治疗】保持室内通风，新培养池要清洗干净并用海水浸泡，如果发病，可以用1/10 000浓度的漂白粉冲洗患病丝状体贝壳，并消毒培育池，然后更换新水；也可用有效氯含量为2～5毫克/升的海水浸泡贝壳几天，或相对密度较低（1.005）的海水浸泡2天，待朱红色消失后，移回培育池；用1/10 000浓度的硫酸锌浸泡6～8小时也可治疗此病。

4. 鲨皮病

鲨皮病是贝壳丝状体培育过程中常见的一种疾病，是由碳酸钙

在贝壳表面附着造成的。常见于生长旺盛的丝状体贝壳，光线强不常换水的贝壳丝状体易发此病。患病丝状体贝壳表面粗糙，类似鲨鱼皮，一旦发现病壳，可采取及时换水、降低海水盐度、控制光照度和施肥量等方法进行防治。

5. 绿变病

绿变病是海水中营养盐不足造成的生理性疾病，发病初期贝壳表面丝状体颜色变浅，继而整个贝壳变为黄绿色，如不治疗则贝壳变白，丝状体死亡。可以采取及时添加营养盐，并适当降低光照度的方法进行防治。

6. 白雾病

白雾病是贝壳丝状体育苗过程中常见的一种疾病，危害不大，主要症状是贝壳表面覆盖着一层白色的绒状物，类似白雾，当水温下降时，白雾自然会消失。

（三）养成阶段的主要病害

1. 赤腐病（红泡病）

坛紫菜赤腐病在各地有不同的名称，又称红泡病、红泡烂和洞烂，是由紫菜腐霉感染引起的真菌性病害。该病最早由新崎盛德（1947）在条斑紫菜中发现，之后不少学者对该病的病原进行了研究，1970年，Takahashi鉴定这种病原菌并将正式命名为紫菜腐霉。紫菜腐霉在分类学上的分类阶元为卵菌门、卵菌纲、霜霉目、腐霉科、腐霉属。

肉眼观察，叶片首先出现5～20毫米的小红点，随后出现1～3毫米的小红泡，小红泡不断扩大直至红泡穿孔，形成烂斑，烂斑多为暗红色，随着病情的发展，烂斑逐渐扩大，相互连接，形成大的斑块，叶片断裂流失（彩图42）。病斑初期呈紫红色或者暗红色，随着病程的发展逐渐变为绿色、黄绿色，有时可见绿色病斑部位带有红色水泡，紫菜离水后，水泡破裂，流出红色的液体，露出绿色的病斑。此病发展迅速，从发现症状到叶片溃烂只需5～7天。

镜检观察，可以看到紫菜腐霉菌丝体穿透细胞，细胞萎缩，颜色加深，原生质收缩，细胞壁破裂，藻红素消失，藻体溃烂成洞。一条菌丝可以贯穿多个紫菜细胞，菌丝也可以形成分枝，侵染邻近细胞，到病程发展后期，各条菌丝交错生长，形成密集的网，因此此病发病迅速。

该种病害常出现在 11 月中、下旬至 12 月的南风天，此时水温上升，风平浪静，低潮区发病重，高潮区发病轻或不发病（菌丝体不耐干燥，干出 3～4 小时后易死亡）；河口区发病重（淡水注入导致海水盐度较低），外海区发病轻；筏架中间发病重（阻流严重、密度大、潮流缓慢），边缘轻。

【治疗】紫菜腐霉不耐低温、不耐干燥，可以利用此特性进行赤腐病的防治。①低温冷藏。紫菜腐霉菌不耐低温，低于 6℃ 易死亡，所以可以把网帘进行冷藏，等发病期过后，再将网帘出库进行生产。②提高养殖潮位。紫菜腐霉菌干燥 4 小时后死亡，根据腐霉菌不耐干燥的特性，可把低潮区养殖的网帘移至中高潮区，延长干出时间而杀死腐霉菌。③搬帘上岸阴干。发病时把网帘搬上岸，日晒 5～6 小时，阴干 7～8 天，待海区病况好转后，再下海养殖，这样不仅可以避免病害的发生，保证紫菜继续养殖生产，而且可以杀死硅藻、绿藻等，提高紫菜质量。④采用酸/碱性表面活化剂、非离子表面活化剂等杀死菌丝；使用多种有机酸混合而成的药剂，处理浓度 1%，浸网时间 20 分钟，可有效抑制病菌生长。⑤抢收。减少病藻的传染机会，抢收减少损失。

2. 拟油壶菌病

拟油壶菌病也称壶状菌病或壶菌病，是由拟油壶菌（*Olpidiopsis* sp.）寄生于紫菜细胞引起的一种真菌性紫菜病害，与赤腐病并列为紫菜栽培的两大主要病害，该病是导致网帘掉苗的重要原因之一。新崎盛德（1960）首先报道此病并命名为壶状菌病（Chytrid blight disease），之后就沿用这种叫法，不少学者对这种病害病原、症状、发生原因等进行了研究，马家海（1992）对条斑紫菜壶状菌病进行了详细研究，认为该菌隶属于鞭毛菌亚门、卵菌纲、链壶菌目、拟油壶菌属，因此该病名应更名为

"Olpidiops-disease"，中文名称应为拟油壶菌病。该菌菌体直径为5.8～18.2微米，显微镜下观察，菌体呈椭圆形或圆形，在宿主细胞内呈壶状，体内有大小颗粒和油滴，颜色呈稍带发亮的淡绿色或黄绿色。

该病主要发生在小苗期，发病部位不定，发病初期不易观察，病斑仅仅为针尖状的小红点，到中后期红点扩大，变为黄绿色的病斑，病斑扩大溃烂成洞，叶片被海浪冲刷流失。该病症状与赤腐病相似，有时两病并发。

该病菌耐低温、耐干燥，对盐度适应能力强，防治较为困难，只能以防为主。在坛紫菜栽培时，网帘、筏架不能过密，保证潮流通畅，出苗期要充分干出，努力培育健康的苗种。一旦发病，要迅速把苗网送入冷库冷藏，以降低养殖区内相互传染的可能性。

3. 绿斑病

绿斑病致病菌为柠檬假交替单胞菌（*Pseudoalteromonas citrea*）。齐藤雄之助（1968）首先报道并命名了条斑紫菜绿斑病，之后多名学者对紫菜绿斑病进行了研究，指出紫菜绿斑病致病菌多数属于假单胞菌属。闫咏等（2002）分离并确定了绿斑病致病菌为柠檬假交替单胞菌。该病多见于紫菜幼叶期或是成叶期，发病初期叶片靠近基部附近出现针尖状红色小斑点，然后红色小斑点变为绿色小斑，随着病情的发展变为深绿色的大斑，有的病斑周围出现1毫米以上的绿带，内部成白色。病斑若发生在叶片边缘则呈半圆形，病情严重时许多圆形和半圆形烂洞相互连在一起，叶片烂断脱落。显微镜下观察，可见叶片病变部分细胞收缩，细胞发生质壁分离，部分细胞质流出，有些原生质体游离出来。此病无特效防治方法，降低养殖密度可以预防此病的发生，降温可使病程有所延缓。

4. 白腐病

白腐病主要发生在叶状体发育的早期，特别是低潮位生长快的叶状体发病严重。病因是网帘干出时间不足、水流不畅及受光不足等引起的紫菜生理障碍，一般认为是一种生理性疾病。发病初期叶状体尖端变红，在水中呈铁锈红色，后由黄绿变白，逐渐溃烂，患病轻的叶片上留有孔洞与皱纹，重的整个叶状体坏死。

天气闷热，温度回升时易发病。紫菜叶状体长达2厘米以上时也易发病。

【预防】筏架和网帘的施放不可过密，网帘不能松弛，保持经常有干出机会，保证养殖区域潮流通畅，叶片有良好的受光。一旦出现白腐病，若发病量不足30%，可短期冷藏，等养殖环境好转后出库继续养殖，如果发病量超过30%，应将网撤去。

5. 烂苗病

烂苗病是由细菌或病毒引起的，主要在养殖密度过大、海水污染或气候恶化时发生。其主要症状是颜色异常，逐渐褪色，不久尖端变白，藻体弯曲溃烂流失。也有的幼苗尖端生裂片，或者中间变细而扭曲成畸形。近年来，福建、浙江沿海坛紫菜养殖多次暴发大面积烂苗病，损失严重。

主要原因有以下几点：①受秋季高温天气影响，坛紫菜壳孢子采苗下海后水温持续异常偏高。据报道，坛紫菜壳孢子萌发见苗到50毫米左右的适温为23～25℃，水温长时间在29℃及以上时，并且有4天以上的南风及偏南风，就会使坛紫菜基部先溃烂脱落。②壳孢子苗帘附苗密度过高，海区养殖密度过高、布局不合理，直接造成潮流不畅，坛紫菜对必需的营养盐、二氧化碳等营养物质的补充和代谢废物的及时转移与降解受阻；同时，表层水温快速上升，藻体易被浮泥附着，杂藻容易附生。这些都会加重病情。③网帘上附着浒苔等杂藻和污泥未能及时清洗，不利于紫菜生长，易发病。④苗种多年自留自用，造成坛紫菜种质退化，苗种抗逆性减弱。

【预防】采壳孢子苗时防止密度过大，合理布局，注意筏架设置与海区布局的密度，保证潮流通畅；网帘浮泥过多，会引起或加重病情，应及时冲洗附着在幼苗上的浮泥；延长干出时间，一旦发病，已发病网帘运上岸晒网1天，再在室内阴干1天，挂回海区；扩大网目，编织方形网目网帘；加强优良品种的培育和推广。

6. 绿变病

绿变病主要是由营养盐缺乏（主要是缺氮）引起的生理性疾病（彩图 19），潮流缓慢、光照强、透明度高、潮位低等也可诱发该病。发病初期叶状体由黑紫色逐渐变为淡紫红色，藻体发软，弹性差，生长缓慢或停滞，病情进一步加重时，随着藻红素消失，藻体变为黄绿色，外观粗糙，无光泽，易断。镜检发现叶状体体细胞原生质收缩，细胞间隔增大，细胞壁明显，液泡增大，细胞中空，色素体被破坏。

该病发病有以下几个规律：①主要在非河口海区高密度养殖时发生，发病海区表现为氮营养盐缺乏。一般未发病时硝态氮含量＞30 毫克/米^3，发病时硝态氮含量＜10 毫克/米^3，严重发病时硝态氮含量接近 0。②大潮期间发病轻或不发病，小潮期间发病严重。有时小潮期间开始发病，紧接着的大潮可以减轻病情。这是因为小潮水流速度小，潮差小，营养盐交换不充分，所以易发病，且发病重；大潮水流速度大，单位时间流过紫菜的海水多，营养盐补充多，所以发病轻。③低潮区先发病，然后向中、高潮区扩散，这是因为低潮区干出时间短，营养盐含量低，而中潮区干出时间长，营养盐含量高。④湾口，潮流大发病轻或不发病；湾内，潮流小发病严重。⑤河口区发病轻或不发病，外海区发病严重。河口区有淡水注入，营养盐丰富，病情轻或无病；外海区，营养盐含量低，易发病。⑥海区透明度增大易发病。未发病时透明度 50～100 厘米，发病时透明度 200～300 厘米；南风天，光照度大时易发病。

绿变病可以根据气象条件或指示生物等进行预测。①根据气象、海况的变化进行判断。降水量小、西南风、光照度大、透明度突然增大、小潮有雾等天气往往是病害发生的前兆，要采取措施预防发病。②根据指示生物的颜色变化判断（通过指示生物的颜色变化来判断海区含氮量的变化）。含氮量不足时，浒苔、石莼等的颜色由深绿色转向黄绿色，藻体发软，弹性减弱时就应引起注意。③测定海水含氮量，硝态氮含量＜30 毫克/米^3 易发病，硝态氮含量＞38 毫克/米^3 逐渐好转。

【预防】

①施肥。退潮干出后，叶状体保持湿润时，施1%硫酸铵；或室内浸泡1%硫酸铵1~2天，颜色好转后再取出挂在海区养殖。

②沉桩。涨潮时，不让浮筏浮在水面上，而让其下沉到水的中下层，减少光合作用时间，减少能量消耗，同时由于网帘处在海水底层能获得比表层更多的氮补充，故能缓和病情。根据病情，一般沉桩3~5天后，有明显效果。

③提高养殖潮位，延长干出时间。根据高、中潮区发病轻，低潮区发病重的规律，把低潮区的网帘移到中、高潮区养殖，延长干出时间，减少光合作用时间，也可达到减少叶状体内能量消耗的效果，如果提高潮位后再结合施肥、沉桩，则效果更好。

④抢收。把已能抢收的藻体及时剪收，减少争肥料的藻体，同时减少潮流阻力，缓和病情。

7. 癌肿病

癌肿病是由养殖海区污染引起的坛紫菜生理性疾病，发病时叶片皱缩、无光泽、表面粗糙、呈厚皮革状、色黄带黑（彩图43）。此病多由工厂废水排放污染海水引起，无任何防治方法，只能通过消除海区污染源或避免在这些海区进行养殖来降低危害。

8. 篮子鱼

篮子鱼是对篮子鱼科（Siganidae）鱼类的统称，这种鱼体型较小，一般长20厘米以下。外观扁平椭圆形，嘴部细长口小，背鳍和臀鳍上的刺骨尖锐有毒，喜食藻类。篮子鱼是南方近海海藻养殖的敌害生物，近年来有向福建北部蔓延的趋势。为了防止篮子鱼吃掉坛紫菜，可用细密的塑料网从下部包住网帘，并用扎带绑好（彩图44）。

四、采收与加工

（一）采收时间

合理采收可以提高坛紫菜的产量和质量。适时采收，既可以避免坛紫菜被风浪打断，又可以减缓坛紫菜老化，直接影响坛紫菜产值。坛紫菜采收长度要根据养殖海区海况而定，风浪较大的海区，当藻体长到 15～20 厘米时就可以采收，风浪较小的海区可以适当长些再采收，但不宜过长，过长会因坛紫菜边缘形成生殖细胞，放散果孢子，而降低坛紫菜质量。坛紫菜从 9 月上旬开始采壳孢子，在正常的情况下，30～50 天后就可以进行第 1 次采收（头水）。河口区营养丰富，如果潮流畅通，30 天后就可以进行第 1 次采收；外海区营养盐含量稍低，45～50 天也可收获，在长达 5～6 个月的养殖时间中可采收 6～7 次。

坛紫菜最佳采收时间在上午。为保证质量，应尽量避免下午采收。坛紫菜在快速生长期，最快日生长速度高达 4～5 厘米，从第 2 次采收开始，可以每隔 7～10 天就采收 1 次。

为了便于后期加工，采收坛紫菜的时候还要密切关注天气，晴天可以多收，阴雨天少收，大风前要及时抢收，收获的坛紫菜如果不能及时加工，应用干净的海水将原藻洗净、沥干水，放置于通风处阴干，等待天气晴朗时再加工。

头水坛紫菜薄，蛋白质、氨基酸含量高，纤维素含量低。随着采收次数的增加，坛紫菜的蛋白质、氨基酸含量降低，品质逐渐变差。

（二）采收方式

坛紫菜初期可以拔收，降低其密度，以后剪收。坛紫菜是散生的藻类，藻体的营养细胞都有分生能力，根据这个特点，在藻体长到一定的长度时，进行采收，留下一定长度的坛紫菜，藻体还可以继续生长。剪收时不能剪得太短；否则，细胞数目少，长度增长慢。据报道，早中期采收的坛紫菜，剪留的长度以 8 厘米为宜，后期（第 5 次以后）坛紫菜长度增长慢，宽度增长快，藻体老，不能留得太长，留 5 厘米为宜。近年来，坛紫菜采苗密度大，当叶状体长度达到 10～15 厘米时，可以先拔收（不用剪收）一部分，这样可以适当地进行稀疏，降低坛紫菜的密度。

1. 手工采收

手工采收条件艰苦、劳动效率低、劳动强度大，在小面积的坛紫菜养殖模式中仍然被普遍采用，而在大面积的坛紫菜养殖模式中已逐渐被机械采收所取代。手工采收方法有采摘法和剪收法两种，主要在干潮时间进行（图3-32）。采摘法就是用手将坛紫菜从网帘上拔下来。采收时，先把网帘上提，让坛紫菜下垂，在离网帘8厘米处用手将大紫菜拔下，防止将小紫菜拔下，可以使坛紫菜留下的部分继续生长。剪收法就是用剪刀剪收网帘上的坛紫菜，坛紫菜初期（1水、2水）可以采用采摘法，达到疏苗的目的，后期可采用剪收法。最后一次的坛紫菜采收也可采用采摘法全部拔尽。

图 3-32　手工采收

2. 机械采收

高速采摘船是20世纪80年代研发出来的紫菜采收装置，最早在条斑紫菜养殖中广泛使用，近年来在坛紫菜全浮动筏式养殖中也逐步得到了推广。它由船体和采收收割机装置组成，船体前沿装置一台液压控制式的紫菜收割机，收割机可轴带驱动，也可自带动力驱动，船尾设有船只驱动机械（彩图45）。高速采摘船能自动将采收下来的紫菜收集于船舱。此种采摘船适用于全浮动筏式紫菜养殖，这种采收方式省时省工、效率高，在坛紫菜养殖中具有广泛的应用前景。

采用高速采摘船采收坛紫菜的一般流程：将收割机固定安装于采摘船中→将采摘船开进紫菜养殖区内→关停采摘船动力→拉起筏架把网帘平铺于收割机上→发动收割机→船头船尾各站一人→拉紧浮绠横向前进。

（三）运输和保鲜

采收的坛紫菜叶状体仍是活体，会进行呼吸作用，需要消耗大量的氧气，因此采收的坛紫菜必须当天运上岸，24 小时内完成加工，不然积压的坛紫菜温度不断上升，断面伤口溃烂，用淡水冲洗后紫菜色素体容易溶解，加工后的坛紫菜颜色变暗，失去光泽，口感和质量下降。如果采收的紫菜需短暂存放后再加工，可将采收后的坛紫菜薄薄地平铺在晾菜架上，待剔除杂物和泥沙后再进行加工。

此外，也可以将坛紫菜脱水后装入塑料筐再放入冷库中冷藏保鲜。具体步骤如下。①清洗。用干净的海水清洗，去除泥沙杂质及杂藻。②脱水。将原藻放入大口网袋中，用大型脱水机脱水，去除藻体表面水分，脱水后将原藻疏散开，疏松地放入浅口木箱或带网的托盘中风干 1 小时左右，然后把木箱或托盘放入塑料袋密封，置于−20℃冷库中保存。这种方法可保存 1 个月以上。③解冻。将冰冻的坛紫菜放入干净的海水中解冻，在 30 分钟内解冻完毕后，即可进行后续加工程序。

（四）加工

采摘回来的坛紫菜应在 24 小时内完成加工或是冷藏保鲜，切勿带水堆放，以免引起坛紫菜腐烂、变质，影响坛紫菜质量。坛紫菜产品以内销为主，加工成品多为直径 20 厘米的圆饼菜和长 30～50 厘米的方饼菜。基本采用手工操作或半自动机械加工。加工是坛紫菜养殖过程的最后环节，加工技术的好坏直接影响其质量的好坏。也可采用条斑紫菜加工工艺将坛紫菜加工成海苔片。

坛紫菜的加工工序大致为洗菜、制菜饼、干燥、包装与保存。

1. 洗菜

刚采收回来的鲜菜上经常会附着泥沙、杂质和硅藻，加工前要将这些清洗干净；否则，会造成干菜光泽度下降、品质变差。一般用干净海水漂洗叶状体 10～30 分钟，去除藻体上附着的泥沙、浮泥、杂藻等，具体时间视藻体上附着的泥沙和杂藻而定（彩图 46）。

2. 制菜饼

将洗净的坛紫菜用切割机（彩图 47）碎成小段，然后把一定量的坛紫菜放在菜板上，让坛紫菜均匀分布。外销坛紫菜一般都制成直径为 20 厘米的圆形菜饼，内销的坛紫菜根据各地消费习惯一般制成长方形饼菜。制饼一般都是人工进行操作，方法是将菜帘放入淡水桶中，把圆形的铁环放在帘上，取一定量的坛紫菜放入铁环中，抖动菜帘，使坛紫菜在环内均匀分布，随后平稳地提起帘子，沥干水分后将菜饼晒干或是烘干。

3. 干燥

传统手工加工坛紫菜主要选择自然干燥，将脱水或沥水后的菜帘按照一定角度倾斜放置在晒架上晾晒（图 3-33）。晾晒时，一般朝上部分菜饼先干，因此晒一定时间后应调换菜帘的上下位置，使之均匀干燥。自然晒干受自然条件影响大、耗时耗工、加工效率低，因此越来越多的坛紫菜加工选择烘干机烘干。一般较适宜的烘干温度为 45～55℃，烘干时间为 10～150 分钟。

干燥后的坛紫菜，一级加工：烘干 1 次，含水量为 10%～15%，储存 2 个月左右，色泽就会变淡、质量就会降低。二级加工：烘干 2 次，含水量为 2%～3%，密封后，−20℃条件下可放 2～3 年不变质。

4. 包装与保存

将晒干或烘干的菜饼装入透明塑料袋中密封保存。

晒干后的坛紫菜非常怕潮湿，如果长期保存，必须经过 2 次干燥，使含水量降至 2%～3%，并且尽量减少与空气接触，要装在密封袋中（彻底防潮）然后装入纸箱，放在干燥的房间内保存。烘

图 3-33 晒 菜

干或晒干的菜饼，含水量仍在 10%～15%，在制饼的过程中，去盐不干净的菜饼容易吸潮，含水量还会提高。含水量在 10% 以上的菜饼，保存时间不会很长，2～3 个月后就会变质。变质的坛紫菜由紫黑色变为紫红色，失去光泽，并带有霉味。避免坛紫菜变质应从加工和保存两个方面着手，一方面，降低菜饼的含水量，即对烘干或晒干的菜饼进行 2 次烘干，使含水量降到 5% 以下；另一方面，使用质量好的包装袋，袋内再装上干燥剂，密封保存，一般可保存半年以上。

（五）质量鉴别

坛紫菜的味道由谷氨酸、丙氨酸、甘氨酸等呈味氨基酸及糖类等物质决定。

1. 感观鉴别

品质优的坛紫菜，颜色深（黑紫色）、有光泽（亮）、很薄，没有绿藻混杂，可以闻到特殊的藻香味；而品质低劣的坛紫菜，则颜色浅（紫褐色）、光泽差、藻体厚、有绿藻混杂，闻不到特殊的藻香味。

2. 烤色鉴别

将坛紫菜干品放在 $150℃$ 左右的高温下烤几秒钟，品质优的坛紫菜，烤后呈青绿色，味道香美；而品质低劣的坛紫菜，烤后呈黄绿色，味道差；变质的坛紫菜则无论怎么烤，也不会变成青绿色或黄绿色。

3. 温水浸泡

最简单的鉴别坛紫菜质量的方法是采用温水浸泡，如果坛紫菜在温水中很快恢复原形，说明质量好；否则，质量差。

第四章

坛紫菜绿色高效养殖实例

一、养殖实例一

（一）基本信息

江苏省连云港市连云（区）高公岛乡镇黄窝村某养殖户。黄窝村海域营养盐丰富、水流通畅、水质清澈，坛紫菜养殖期间透明度约为 50 厘米。该养殖户从 2014 年开始养殖坛紫菜至今。2018 年，坛紫菜养殖总面积约 700 亩，养殖模式为插杆式支柱养殖。

（二）放养与收获情况

2018 年，该养殖户于 8 月 12—13 日进行坛紫菜壳孢子采苗，当时海水温度约为 28.8℃，按照要求的附苗密度在室内完成采苗，所用苗帘规格为 180 米²/亩。然后下海养殖 45 天后开始采收头水菜，收获湿重为 110 000 千克；采苗后 57 天开始采收二水菜，收获湿重为 125 000 千克；采苗后 72 天采收三水菜，收获湿重为 135 000 千克（表 4-1）。

表 4-1　养殖与收获

养殖品种	养殖		收获		
	时间	面积（亩）	时间	规格	单产（千克/亩）
"闽丰 2 号"	2018 年 8 月 13 日	700	9 月 27 日	头水	157
			10 月 9 日	二水	178.6
			10 月 24 日	三水	192.9

（三）养殖效益分析

2018年该养殖户投入养殖成本共134.5万元，具体为：①苗种费。共用贝壳丝状体700亩，每亩650元，共45.5万元。②人工费。主要包括采苗、晒网、剪收等人工费用，600元/亩，总计约42万元。③材料费。坛紫菜养殖期间需购买浮球、竹竿、网帘等，共花费35万元。④燃油费。养殖期间所用燃油约为10吨，按价格12元/千克，共12万元。

2018年，该养殖户共收获头水菜湿重110 000千克，按价格20元/千克，共220万元；二水菜湿重125 000千克，按价格6元/千克，共75万元；三水菜湿重135 000千克，按价格3元/千克，共40.5万元。综上，利润为201万元。

二、养殖实例二

（一）基本信息

莆田市秀屿区南日镇西高村某养殖户。西高村海域营养盐丰富、水流通畅、水质清澈，坛紫菜养殖期间透明度约为70厘米。该养殖户从1994年开始养殖坛紫菜至今，从事坛紫菜养殖行业近25年。2018年，坛紫菜养殖总面积约23亩，养殖模式为全浮动筏式。

（二）放养与收获情况

该养殖户于2018年9月7日进行坛紫菜壳孢子采苗，当时海水温度约为28℃，采苗方式为海上泼苗，所用苗帘规格为180米²/亩。采苗后40天采收头水菜4 600千克（湿重）。采苗后55天采收二水菜5 250千克（湿重）。采苗后70天采收三水菜5 750千克（湿重）（表4-2）。采苗后85天采收四水菜5 000千克（湿重）。

表 4-2 养殖与收获

养殖品种	养殖		收获		
	时间	面积（亩）	时间	规格	单产（千克/亩）
"闽丰2号"	2018年9月7日	23	10月17日	头水	200
			11月1日	二水	228
			11月16日	三水	250
			12月1日	四水	217

（三）养殖效益分析

2018年，该养殖户养殖成本共224 850元，具体明为：①苗种费。网帘23亩，每亩450元钱，共10 350元。②人工费。主要包括采苗、晒网、剪收等人工费用，每人每天260元，总计约180 000元。③材料费。坛紫菜养殖期间需购买浮球、竹竿、网帘等，共花费3万元。③ 燃油费。养殖期间所用燃油约为750千克，6元/千克，共4 500元。

2018年，该养殖户共收获头水菜4 600千克，40元/千克，共18.4万元；二水菜5 250千克，20元/千克，共10.5万元；三水菜5 750千克，6元/千克，共3.45万元；四水菜5 000千克，4元/千克，共2万元。综上，共收入34.35万元，利润为11.865万元。

三、经验和心得

（一）养殖技术要点

1. 养殖海区

选择营养盐丰富、水流通畅、水质清澈、附近无污染源的海域。

2. 设施设备

根据养殖区情况选择养殖方式，且筏架上必须设有干出装置。

3. 养殖管理措施

定期检查筏架，修复因风浪导致的筏架破损、网帘缠绕；大风

浪过后及时检查；出苗期或大型绿藻较多时，适当干出。

（二）养殖特点

选择优良品种，如"闽丰 2 号"；出苗期适当干出淘汰弱苗，绿藻、浒苔较多时增加干出时间。

（三）养殖问题的解决

参加技术培训，学习坛紫菜采苗和日常管理技术，发现问题及时咨询专业技术人员。

第二部分 条斑紫菜绿色高效养殖技术与实例

第五章 条斑紫菜养殖概况

一、经济和生态价值

条斑紫菜是北太平洋西部特有的紫菜种类，中国、日本和韩国是主要的紫菜生产国。条斑紫菜藻体薄而柔嫩，质量优良，加工后的产品深受人们喜爱，也是国际紫菜销售市场的主要产品。我国条斑紫菜养殖区域主要分布在长江口以北的黄海南部沿海，由于97％以上的生产企业分布在江苏沿海，因此江苏沿海成为我国条斑紫菜的主产区。条斑紫菜是我国重要经济海藻之一，其养殖产业具有较大的经济和生态价值。

首先，条斑紫菜产业是江苏渔业的主导产业，也是江苏渔业的特色产业。产业发展对沿海地区的繁荣稳定、渔民增收致富都有重要意义。紫菜产业从育苗、养殖到加工，整个产业链都属于劳动密集型。江苏省目前紫菜养殖面积70万亩，整个沿海地区从事紫菜产业的劳动力达到5万人左右。同时，紫菜产业也是促进海洋捕捞转产转业的重要途径。包括江苏在内的我国沿海由于海洋捕捞强度过度增加，造成海洋渔业资源严重衰退，致使捕捞产量下降，渔民收入降低。为了保护和恢复渔业资源，国家决定将海洋捕捞渔船和产量压缩20％以上。这就意味着许多渔船和渔民，将离开海洋捕捞，转产转业。由于沿海捕捞渔民普遍年龄偏大，教育程度较低，很难找到新的就业岗位。而紫菜养殖和加工正需要较多的劳动力，特别需要由海洋捕捞转产的具有一定海洋技能与知识的熟练劳动力。

其次，条斑紫菜养殖是保护海洋环境的有效途径。近年来，由

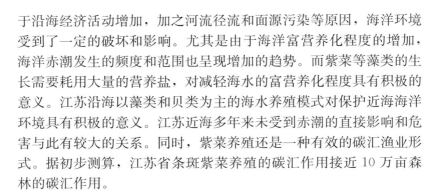

于沿海经济活动增加，加之河流径流和面源污染等原因，海洋环境受到了一定的破坏和影响。尤其是由于海洋富营养化程度的增加，海洋赤潮发生的频度和范围也呈现增加的趋势。而紫菜等藻类的生长需要耗用大量的营养盐，对减轻海水的富营养化程度具有积极的意义。江苏沿海以藻类和贝类为主的海水养殖模式对保护近海海洋环境具有积极的意义。江苏近海多年来未受到赤潮的直接影响和危害与此有较大的关系。同时，紫菜养殖还是一种有效的碳汇渔业形式。据初步测算，江苏省条斑紫菜养殖的碳汇作用接近10万亩森林的碳汇作用。

二、产业发展历史、现状和前景

（一）产业发展历史

我国条斑紫菜人工养殖试验最早在原产地青岛、大连一带开始，受环境条件等影响，养殖试验面积未能得到扩展。20世纪70年代初，在坛紫菜全人工养殖技术取得成功的影响下，藻类工作者在江苏省启东市开始条斑紫菜养殖试验并取得了成功。至70年代末，养殖面积发展至330多公顷（约5 000亩），主要集中在毗邻长江北岸的启东市、如东县沿海。因加工设备及技术落后，加工制品质量低下，主要内销。进入80年代，生产发展速度依旧缓慢。其间，引进了第1条日本全自动加工机组，产品质量明显提高并开始外销。80年代后期，通过补偿贸易方式又引进了数台加工机组，使产品的外销渠道开始通畅。至80年代末，养殖面积突破万亩。

20世纪90年代是生产的快速发展期。由于冷藏网技术、种质改良技术、养殖作业技术的形成与建立，以及作业所需机械设施的逐渐配套，对生产起到了强劲的推动作用，养殖区迅速拓展至海州湾沿岸和苏中地区，形成了黄海南部海域的条斑紫菜中心养殖区。特别是90年代后期，第1台国产全自动加工机组的研发成功并迅速推广，形成了以产品加工为中心的产业体系，养殖面积迅速扩

106

大。至 90 年代末，面积达 5 660 多公顷（约 85 000 亩）。

2000 年以来，产业发展趋向成熟。一是条斑紫菜各主产区的格局已经形成，近岸滩涂与海区利用基本饱和，江苏省外海独特的辐射沙洲养殖区的生产发展迅速，产业抗波动、抗风险的能力增强。二是生产企业资金积累和实力得到较快提升，养殖生产与加工为一体的企业增加。龙头企业、骨干企业迅速增加并壮大，对产业发展的引领作用日益增强。三是产业配套趋于完善。紫菜种苗培育室、专用冷库、专用船舶、作业机械、物流、市场建设等条件齐备，为主产业服务的技术与市场体系正在形成，产业日臻成熟。四是产业组织化程度明显提高。在江苏省政府和省海洋与渔业局等相关部门的支持与帮助下，按照市场经济模式运作的要求，于 2003 年 2 月正式成立了江苏省紫菜协会，协会组建了统一的按市场经济模式运作的干紫菜交易市场，协调了生产与国内外两个市场的需求关系。

回顾条斑紫菜产业的发展历程，每一个阶段都彰显科技进步对产业发展的促进和支撑。产业发展不断对科研提出要求，而立足于紫菜养殖实践的科学研究，又为我国紫菜全人工养殖技术的建立和发展提供了坚实的理论基础和技术保障。20 世纪 50 年代，我国著名藻类学家曾呈奎等完成了甘紫菜生活史的研究，揭示了异型世代交替循环的生活史规律；特别是对条斑紫菜丝状体和叶状体两个异型世代的个体生长发育开展的实验研究，较为系统地阐述了条斑紫菜各生长发育阶段的培养与养殖条件。这些立足于实验生态学的研究工作，为我国紫菜全人工养殖技术的建立和后续产业的发展，提供了坚实的科学基础。20 世纪 60 年代，中国水产科学研究院黄海水产研究所等 12 个研究院校和生产单位的科技人员齐聚福建沿海，开展坛紫菜养殖技术的科技会战，通过关键技术的突破，实现了坛紫菜的全人工养殖，这些技术对我国南北方紫菜养殖产业的发展产生了重要影响。

理论为应用技术的研究提供了基础，产业的发展离不开技术的进步。早期传统的种藻采果孢子育苗，育苗效率仅每平方米贝壳

90 米² 网帘，目前的养殖良种（或自由丝状体）接种至贝壳及种苗高效培育技术的生产应用，使育苗效率平均达到每平方米贝壳 180 米² 网帘的水平；海区苗期管理技术改变了以往一网位到底的生产模式，将苗期和成菜养殖分为 2 个管理阶段，为成菜顺利养殖提供了良好的保证；冷藏网技术是对条斑紫菜养殖技术的重大改进和完善，它的生产应用对稳定生产、提高产量和质量发挥了不可或缺的作用；海区养殖机械化采收突破了劳力和养殖面积的限制；以加工机械的全面国产化为核心的加工装备的研发与加工技术的进步，彻底改变了以往加工机械依赖进口及加工技术相对落后的局面。

在条斑紫菜产业发展过程中，江苏省海洋水产研究所国家级紫菜种质库科研团队始终坚持以产业需求为研究方向，实实在在地解决产业发展过程中面临的困难和问题，并把研究成果及时应用于产业实践，为产业发展做出了重大贡献。20 世纪 90 年代起，该团队基于系统的紫菜遗传、育种学研究和大量海区实验，首次建立了较为完整的紫菜细胞育种技术和种质保存技术体系。以条斑紫菜"苏通 1 号""苏通 2 号"为代表的新品种改写了条斑紫菜养殖生产无良种的历史。该研究团队针对"良种难育"这一制约瓶颈，建立了"条斑紫菜种子工程"技术体系，有效实现了良种稳定、规模化供应，种苗培育效率提高了 30%~50%。通过示范基地的引领作用，形成了良种推广应用网络，加快了养殖良种化进程。

（二）产业现状

2018—2019 年度条斑紫菜产业情况：全省拥有紫菜养殖及加工企业 500 余家，从业人员近 5 万人，条斑紫菜养殖面积约 3.5×10^4 公顷，海域实际使用面积约 3.3×10^5 公顷，紫菜种苗培育室面积约 83 公顷。紫菜制品生产能力已达年产标准制品 60 亿张，占国际紫菜市场的贸易份额 65% 以上，出口五大洲近 80 个国家和地区，年出口额 1.4 亿美元，总产值达 50 多亿元。除出口外，随着人们对食材营养品质认识的提高，作为健康食品，国内的紫菜消费市场正在以每年 10% 以上的速度快速增长。目前，已形成种质保存、制备、良种培育、海区养殖、产品加工、市场营销和机械制造等配套完整的产业体系。

（三）前景展望

藻类养殖和藻类生物技术是发展"蓝色农业"，确保 21 世纪食品安全，提高人民生活质量的重要基石。《国家中长期科学和技术发展规划纲要（2006—2020）》把"海洋生物资源保护和高效利用技术"以及"海洋生态与环境保护技术"列为优先主题，其中藻类在资源和环境领域发挥重要作用。条斑紫菜作为人工海藻养殖中经济价值较高的海藻之一，兼具社会、经济和生态效益，理应得到社会的高度关注。

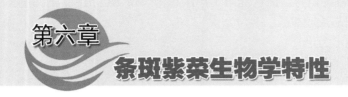

第六章 条斑紫菜生物学特性

一、分类地位与分布

条斑紫菜属红藻门（Rhodophyta）、红藻纲（Rhodophyceae）、红毛菜亚纲（Bangiophycidae）、红毛菜目（Bangiales）、红毛菜科（Bangiaceae）、紫菜属（*Pyropia*）。条斑紫菜是北太平洋西部特有的紫菜种类，主要分布在中国、日本和朝鲜半岛沿海，在中国自然分布于渤海、黄海，最南端至东海的浙江舟山群岛沿岸（彩图48）。自然界中，条斑紫菜多生长在中低潮带的岩礁上，经历幼叶发生、成叶、成熟、衰老，于翌年的春夏交际时消亡。

二、形态结构

条斑紫菜的生活史由叶状体和丝状体两个异型世代组成，其不仅外观形态完全不同，内部构造也有显著差异。叶状体（配子体、单倍体）是为人们所熟悉的食用紫菜，也是人工养殖和收获的对象；丝状体（孢子体、双倍体）十分微小，钻入贝壳或钙质物体中生活，人们很难发现，在养殖生产中属种苗阶段。

（一）叶状体的形态结构

条斑紫菜叶状体呈薄膜状，由叶片、柄和固着器3个部分组成。叶片多为卵形或长卵形（彩图49、彩图50），由单层细胞构成，厚30～50微米，其中养殖藻体的厚度多在25～30微米（图6-1）。藻体边缘较薄，中间稍厚，基部最厚。条斑紫菜属全缘紫菜组，藻体边

缘细胞没有突起，边缘有皱褶，细胞排列紧密平整（图 6-2）。叶状
体基部呈楔形或心脏形（图 6-3），基部形状通常是固定的。藻体靠
近基部细胞多为倒卵形或椭圆形，基部细胞向下伸出假根丝，集结
而成固着器，末端呈圆盘状，固着在基质上。叶片基部与固着器之
间的部位称为柄，由根丝细胞构成（图 6-4）。条斑紫菜藻体长一般
为 10～30 厘米，人工养殖趋向大型化，有时可达 1 米以上。

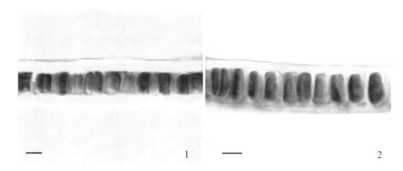

图 6-1 条斑紫菜藻体厚度（标尺示 10 微米）
1. 野生藻体 2. 栽培藻体

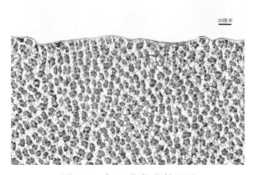

图 6-2 条斑紫菜藻体边缘

条斑紫菜藻体颜色呈紫黑色或紫褐色。藻体的颜色由细胞内色
素种类及数量决定，主要色素有叶绿素 a、藻红蛋白、藻蓝蛋白、
别藻蓝蛋白和类胡萝卜素。条斑紫菜藻体颜色随着生长年龄增加而

变化，幼小叶体色泽鲜艳，随着个体生长色泽逐渐变深，衰老期的叶片色泽暗淡。生长环境变化也是影响颜色的原因之一，生长在肥沃海区的条斑紫菜颜色浓紫，具有光泽，而贫瘠海区藻体呈现黄褐色，暗淡无光泽。

图 6-3 条斑紫菜藻体基部形状

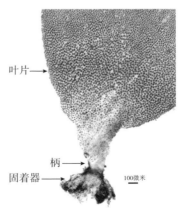

图 6-4 条斑紫菜藻体叶片、柄和固着器

条斑紫菜藻体营养细胞呈多角形或不规则四角形等，形状以及排列方式不规则（彩图51），幼苗期或生长旺盛期，细胞多为椭圆形，长径15~25微米，短径10~18微米。超微结构下观察藻体营养细胞，内有一具短腕的星状叶绿体，叶绿体中央有大蛋白核，蛋白核内有类囊体弯曲伸入其中，类囊体11~16条，无围周类囊体（图6-5）。藻体基部细胞多为倒卵形或椭圆形，细胞向下伸出假根丝（彩图52），集结而成固着器，末端呈圆盘状，固着在基质上。

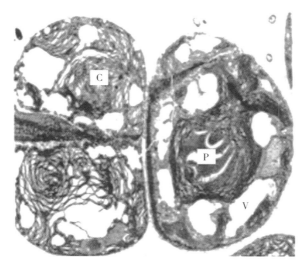

图6-5 条斑紫菜藻体营养细胞超微观察
C. 色素体　P. 大蛋白核　V. 液泡

（二）丝状体的形态结构

条斑紫菜丝状体通常是生长在软体动物的贝壳内或含碳酸钙的附着基质里，在表面形成紫黑色点状或斑块状的藻落（彩图53）。丝状体在无附着基质的人工培养条件下，可悬浮生长于海水中，形成藻落或藻球，称为游离丝状体或自由丝状体（彩图54）。丝状体的生长从果孢子萌发开始，经历丝状藻丝、孢子囊枝、壳孢子形成与放散3个时期，每一个时期生长发育形态也有相应的变化。

1. 丝状藻丝

条斑紫菜丝状藻丝一般呈紫黑色。光学显微镜下藻丝细胞为细长圆柱形。直径3~5微米，长为直径的5~10倍，细胞内有1个核，色素体侧生成带状，细胞间有纹孔连丝（pit connection）（彩图55）。

2. 孢子囊枝

孢子囊枝细胞直径较丝状藻丝明显增粗，分枝同样由单列细胞组成。与丝状藻丝有明显区别的是，孢子囊枝细胞色素体为单一深红色星状色素体，位于细胞中央，色素体中部为1个蛋白核。孢子囊枝细胞间具纹孔连丝（彩图56）。

3. 壳孢子形成与放散

孢子囊枝细胞成熟后细胞分裂形成壳孢子囊，细胞都两两成双包在同一个细胞膜中（彩图57），细胞无细胞壁，2个细胞之间不具纹孔连丝。这2个细胞即为壳孢子，经放散、减数分裂发育成为叶状体。

三、条斑紫菜的生殖

条斑紫菜通过有性生殖与无性生殖2种生殖方式进行繁衍。

（一）有性生殖

条斑紫菜的有性生殖发生在叶状体世代。初春季节，叶状体成熟后进入生活史中的有性生殖阶段。此时，藻体前端部分营养细胞（彩图58）形成雌性的果胞和雄性的精子囊母细胞。成熟的条斑紫菜叶状体雌雄同株，雌雄生殖细胞混生（彩图59），雄性生殖细胞区域多呈浅黄绿色条纹状，镶嵌在深紫红色的果孢子囊区中而形成鲜明的条斑特征（彩图60），因此称作条斑紫菜。

在条斑紫菜雄性生殖细胞区，精子囊母细胞首先进行一次平周分裂，然后进行数次交替的垂周和平周分裂形成精子囊（spermatangium），随着分裂细胞内色素逐渐减淡，成熟时呈浅黄绿色。精子囊器一般有128个不动精子（spermatium），分裂式为♂$A_4B_4C_8$或

♂$A_2B_1C_8$。成熟释放的精子细胞为球形，直径 3～5 微米，不具鞭毛、无游动能力（彩图 61）。

在雌性生殖细胞区，未受精的果胞细胞原生质体一端或两端形成凸起（彩图 62），称原始受精丝（prototrichogyne），精子细胞由水流的带动附着到果胞表面胶质层上的原始受精丝部位，受精以后原始受精丝会逐渐收缩。超微观察可显示精子通过这一管道将其内容物释放到果胞中，精核与果胞核融合形成合子（图 6-6）的过程。

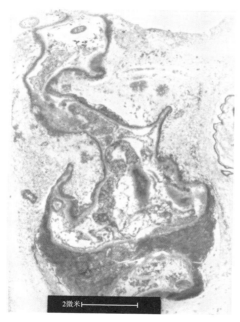

图 6-6 条斑紫菜果胞受精超微观察

果胞受精后进行多次有丝分裂，形成果孢子囊，并且随着分裂果孢子囊细胞逐渐变小，细胞的颜色显红褐色。条斑紫菜果孢子囊具 16 个果孢子，表面观 4 个，分裂式♀$A_2B_2C_4$（彩图 63）。

果孢子（图 6-7）是条斑紫菜精卵结合的产物，是二倍体。光学显微镜下，刚放散的果孢子呈球形，红褐色，直径 10～13 微米，无细胞壁，中央具有 1 个星状色素体，色素体呈弥散状（图 6-8）。

果孢子无游动能力，可做变形运动。超微观察显示，刚释放出的果孢子尚未形成细胞壁，可见星状色素体，腕足略短，没有围周类囊体，而放散出数小时后，果孢子就可形成细胞壁（图 6-9）。通常叶状体的前端先形成果孢子囊区域，然后逐渐向中、后部延伸。

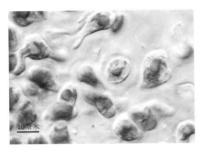 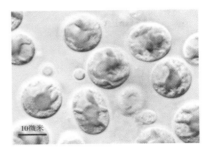

图 6-7　果孢子囊成熟正在释放果孢子　　图 6-8　放散出的果孢子显微观

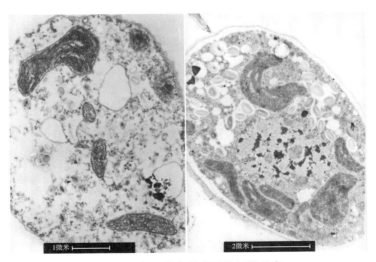

图 6-9　条斑紫菜果孢子的超微观察

（二）无性生殖

在叶状体世代，条斑紫菜通过放散单孢子进行无性生殖。在幼苗或小紫菜阶段，叶状体前端的营养细胞在一定条件下发生质变转

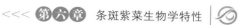

化为单孢子囊，每个孢子囊只形成 1 个单孢子并释放。单孢子呈球形，直径约为 14 微米，放散出后经过短暂的变形运动附着于基质上即萌发成叶状体。条斑紫菜幼苗从数十个细胞开始形成并放散单孢子，而单孢子萌发的幼苗又可形成和放散单孢子（彩图 64）。这一繁殖途径构成了条斑紫菜生活史中的一个支环，也是条斑紫菜养殖生产中重要的苗种来源。

条斑紫菜叶状体通常只在幼苗期大量形成和放散单孢子，且盛期在秋季至初冬，海区水温处于 12～20℃ 时。由于不断形成并放散单孢子形成幼苗，使得自然种群分布地或人工养殖网等附着基质上往往会出现"簇状"幼苗群，而藻体前端也会因大量放散单孢子后形成平直状或半截藻体的状态（彩图 65）。当水温下降至 12C° 以下时，条斑紫菜幼苗进入快速生长期，生长成大的藻体。

四、条斑紫菜生活史

1949 年，英国藻类学家 Drew 发现脐形紫菜（*P. umbilicalis*）的果孢子萌发钻入贝壳内，成为一种"穿贝"生长的藻类，它和 Batters（1892）所报道的壳斑藻是同一物。这一重要发现首次将紫菜的叶状体与丝状体两个世代联系起来。日本藻类学家黑木宗尚（1953）和我国藻类学家曾呈奎、张德瑞（1954）分别在日本、中国发表了以甘紫菜（*P. tenera*）为代表的紫菜生活史研究结果，证实了丝状体的存在：丝状体发育成熟形成孢子囊，从中释放出另外一种孢子，这种孢子萌发长成紫菜的叶状体。这种孢子就是人们多年来寻找的紫菜"种子"。曾呈奎等建议：由丝状体产生的孢子称为"壳孢子"（conchospore）。至此，紫菜属的生活史研究得到明确答案：紫菜的一生由宏观的叶状体和微观的丝状体两个生活世代组成，其不仅外观形态完全不同，内部构造也有显著差异。叶状体为人们所熟悉的食用紫菜，也是人工养殖和收获的对象；丝状体十分微小，钻入贝壳或钙质物体中生活，使人们难以发现，在养殖生产中属种苗阶段。

自然界的条斑紫菜叶状体（配子体）在秋天发生，幼苗阶段通过营养细胞形成单孢子放散进行无性生殖，单孢子萌发又可形成紫菜幼苗；转入冬季，自然界温度下降，紫菜进入快速生长期，翌年初春，叶状体生长成熟，藻体部分营养细胞产生的雌雄生殖细胞进行有性生殖，受精后的合子分裂形成果孢子囊，成熟的果孢子囊释放出果孢子；春夏之交，随着果孢子的不断成熟、释放，条斑紫菜的叶状体也衰老消亡结束其配子体阶段的生活。而释放脱离藻体的果孢子则钻入含钙质的基质（贝壳等）萌发成丝状体，以孢子体世代度过夏季。丝状体经丝状藻丝发育至孢子囊枝，至秋季发育形成壳孢子囊，并放散出壳孢子，壳孢子经过减数分裂再萌发成紫菜叶状体幼苗（彩图 66），开启新一轮的配子体世代。条斑紫菜生活史由叶状体、丝状体 2 个异型世代组成，具有有性生殖和无性生殖 2 种繁殖方式，单孢子、果孢子和壳孢子 3 种孢子交替出现，各具独立的个体发育与形态建成过程，各自都有与季节相适应的生态反应，代代相传。

关于紫菜属物种减数分裂的发生与否，历来是藻类学家关心和有争议的话题。近 20 年来的研究工作基本揭示了紫菜属减数分裂的过程与规律，这对认识紫菜的遗传规律有重要意义。对紫菜世代交替中核相变化的共识是紫菜叶状体世代是配子体（n），丝状体世代是孢子体（$2n$），但对于减数分裂具体发生阶段有不同的结论。Ma 等（1984）通过对条斑紫菜细胞学观察结果提出减数分裂发生在壳孢子萌发时期，即壳孢子萌发的第 1 次、第 2 次分裂为减数分裂。接着藻类学者分别对其他紫菜物种的研究，得出相同的结论。但也有学者研究认为，条斑紫菜减数分裂自孢子囊枝形成开始，至壳孢子萌发核分裂方进入减数分裂 II 期，从而完成减数分裂（Wang 等，2006）。大多数结果表明，由丝状体产生的壳孢子仍具双相核，壳孢子萌发时最初的两次分裂为减数分裂，继而分裂长成的叶状体为单倍核相。从遗传学角度看，由壳孢子萌发生成的叶状体，是减数分裂产物共同发育而成的形态，其性质属嵌合体。这与由一个单相核细胞即单孢子生成的叶状体在很多方面是不相同的。

Xu（2002）和 Zhou 等（2008）对色素突变体的研究及减数分裂的细胞学观察结果再次证实和肯定了这一观点。

尽管条斑紫菜的 3 种孢子外形相似，然而它们的倍性、萌发的结果各不相同。果孢子（$2n$）萌发形成丝状体（$2n$）；壳孢子（$2n$）萌发后经减数分裂形成的是嵌合的叶状体（n），最多可由 4 个不同基因型的配子所组成；单孢子（n）萌发形成同一遗传性状的叶状体（n）（彩图 67）。

五、条斑紫菜细胞学特性

目前，条斑紫菜是世界上重要的养殖海藻物种，各国学者对其进行了详尽的研究，条斑紫菜的生活史、染色体数目及倍性变化、有性生殖、减数分裂的位置及细胞的全能性等，都有丰硕的研究成果。

（一）染色体数、细胞分裂与有性生殖

染色体压片观察发现，条斑紫菜叶状体是单倍体，$n=3$（图 6-10），叶状体营养细胞进行有丝分裂（图 6-11）使藻体长大。条斑紫菜果孢子是雌雄配子受精的产物，由果孢子萌发长成的丝状体是二倍体，$2n=6$（图 6-12）。丝状体的生长发育包括从丝状藻丝至

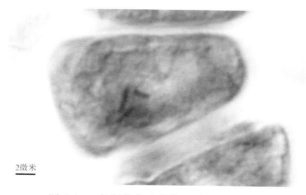

2微米

图 6-10 条斑紫菜叶状体是单倍体，$n=3$

放散出壳孢子，其间的细胞分裂均为有丝分裂（图 6-13、图 6-14）。

条斑紫菜丝状体阶段细胞学观察研究还证实，二倍体细胞分裂前期、中期均出现同源染色体排列紧密的现象，类似于减数分裂的同源染色体配对的现象，这是紫菜丝状体核分裂的重要特征。

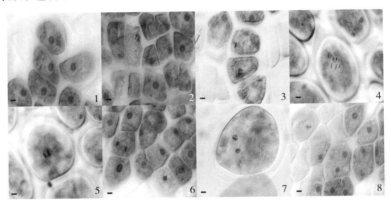

图 6-11　条斑紫菜叶状体营养细胞进行有丝分裂（标尺示 2 微米）

1. 细胞分裂前期，染色质浓缩呈环状结构　2. 染色质逐渐收缩，呈念珠状　3. 染色质逐渐收缩形成染色体，3 条染色体排列在赤道面上，其中 1 条比其他 2 条稍短　4. 中期可以清晰观察到 3 对染色体　5、6. 中期末，姐妹染色单体开始分离，形成两组向两极移动　7、8. 末期，染色体移动一定位置，完成了细胞的核分裂，接着进行细胞分裂，最后形成新的细胞壁，成为 2 个子细胞

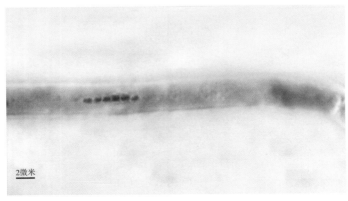

图 6-12　条斑紫菜丝状体细胞染色体，$2n = 6$

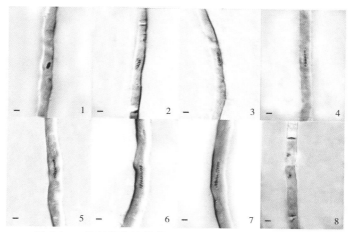

图 6-13 条斑紫菜丝状藻丝细胞分裂（标尺示 2 微米）

1. 核分裂前期细胞核呈长椭圆形 2. 核分裂时染色体沿细胞长轴方向排列 3. 前期同源染色体排列紧密，几乎没有间隙，可以观察到 3 组染色体 4. 核分裂进入中期后染色体排列在赤道面上，方向与细胞长轴平行，同源染色体之间仍然相互对应，能够观察到 6 条染色体 5. 中期，染色体沿细胞长轴方向排列 6. 中期末，同源染色体之间距离逐渐松开分离，可观察到 12 条染色单体 7. 后期，可清晰观察到 12 条染色体分为两组，沿细胞长轴方向水平向两端运动 8. 完成核分裂，形成 2 个新的细胞

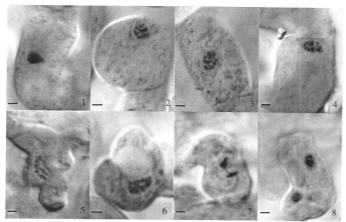

图 6-14 条斑紫菜孢子囊枝细胞分裂（标尺示 2 微米）

1. 孢子囊枝细胞核呈卵圆形 2、3. 核分裂前期同源染色体排列紧密 4、5. 中期，染色体间逐渐拉开距离，6 对染色体两两对应，在赤道面上形成两排，中后期染色单体分离 6~8. 至末期，两组染色体分离向细胞两极移动，可清楚观察到纺锤丝

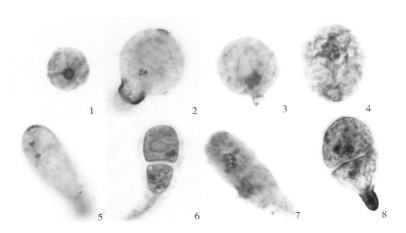

图 6-15　条斑紫菜壳孢子减数分裂

1. 前期，细胞核呈圆形　2. 前期，示 3 个环状染色体　3、4. 中期，显示染色体呈四分体结构及联会分离　5. 中期末，两组染色体向两级移动　6. 第 1 次减数分裂完成形成 2 个子细胞　7. 有丝分裂中期，示 6 条染色体　8. 有丝分裂后期，示核分裂完成

（二）减数分裂位置

在紫菜生活史研究中，减数分裂的位置长期存在争议。关于条斑紫菜减数分裂的位置，藻类学家采用细胞染色体压片观察的方法，通过对壳孢子核相变化的观察发现，刚释放的壳孢子为二倍体，壳孢子萌发时的第 1 次、第 2 次细胞分裂即为减数分裂（图 6-15），条斑紫菜叶状体为单倍体，在壳孢子萌发的过程中实现了从孢子体到配子体的倍性变化。

在减数分裂过程中，联会复合体由 2 条同源染色体组成，同源染色体之间通过互换实现重组，并将重组后染色体随机地分配给子代细胞，使分裂产生的 4 个配子染色体组成多样化，随之产生条斑紫菜多样化的嵌合体。

（三）细胞与组织培养

条斑紫菜组织与细胞研究早期采用研磨法，后通过研制海螺酶及酶解法，或利用细菌混合液等方法，获得条斑紫菜叶状体营养组织的游离细胞和原生质体。细胞培养结果表明，条斑紫菜叶状体细胞具有再生叶状体植株的能力，证实了紫菜细胞发育的全能性。随后的研究主要集中在有效大量制备分离细胞和原生质体的研究、细胞培养的条件、方法及生长发育的研究，以及应用培养细胞进行育苗的技术研究。

1. 细胞培养

条斑紫菜叶状体经酶解处理，可获得游离的营养细胞或无细胞壁的原生质体。在适宜的培养条件下，大部分原生质体可直接形成叶状体植株；有的原生质体则通过形成细胞团，经培养成为孢子囊（彩图 68-1），接着放散出孢子，萌发成叶状体。酶解细胞育苗工艺及操作主要包括叶状体的收集与保存、保存叶状体的解冻复苏、酶解、酶解后细胞的分离采集、叶状体培养与管理。目前，紫菜酶法育苗处于试验阶段，尚未用于养殖生产。

2. 组织培养

在不同培养条件下，条斑紫菜叶状体组织块有多种发育途径，营养细胞可直接分裂形成叶状体（彩图 68-2），或分裂形成孢子囊，孢子放散后可原位萌发成叶状体；营养细胞分裂形成类愈伤组织细胞团，细胞团中单个细胞脱离母体或原位萌发形成叶状体或丝状体（彩图 68-3）。采用组织培养，可以使紫菜叶状体细胞不经有性生殖的途径，直接形成丝状体（$2n$），这种无性生殖的途径为条斑紫菜育种、种质制备提供了新的技术和方法。

六、条斑紫菜遗传学特性

紫菜的遗传学研究始于发现紫菜自发色素突变体（Miura 等，1976，1978），并且做了最初的遗传分析（Miura 等，1980），借助色素突变壳孢子的萌发实验，观察印证了条斑紫菜减数分裂的位置，从紫菜壳孢子发生个体的四分子性质、性别决定和性分化机制等方面开展遗传分析（Ohme 等，1988），并进行了紫菜色素突变体诱导及变异规律研究（许璞等，1994，1997）。

（一）诱变及突变体特征

1. 诱变

紫菜诱变研究首先是诱变剂的选择，经过比较和筛选，化学诱变剂 N-甲基-N'-硝基-N-亚硝基胍（MNNG，30～50 微克/毫升，30 分钟）和辐照射（^{60}Co-γ）诱变处理（剂量 900 戈瑞，30 分钟）对条斑紫菜是有效的。

2. 突变体特征

在条斑紫菜生活史的不同阶段都能诱发突变，但突变的效果差异很大。壳孢子最易引起突变，其突变只与最初的两次细胞分裂有关，并最多产生 4 个突变细胞，萌发长成带有不同性状的嵌合体叶状体；叶状体突变率次之，叶状体仅以单个营养细胞为单位发生突变，一个细胞突变只生长成一种突变组织，多个不相同突变细胞生长成多种异型突变组织，诱变一般产生很多异型组织嵌合的叶状体个体（彩图 69）。紫菜叶状体上分离的组织微片或具有识别标志的组织块，其组织细胞的同源程度较高，为后续紫菜无配生殖育种的组织培养方法提供了可靠的依据；丝状体是二倍体，诱变率较低，丝状体诱变后可能有两种结果：一种是藻丝直接发生突变，主要与细胞质突变有关，子代叶状体与丝状体属同一突变型，没有性状分离（彩图 70-1）；另一种是丝状体隐性突变，突变在丝状体阶段表达不出来，但藻丝成熟后产生的壳孢子在其萌发后，突变性状会随最初的细胞分裂而分离表达，子代叶状体一般为野生型与突变型嵌合体（彩图 70-2）。由于丝状体材料适宜保存，诱变操作简单可靠，能够获得大量有活力的后代突变体，并且经诱变处理的丝状体，其切段可接种培养至贝壳上，便于对藻落生长进行突变观察和遗传分析。

（二）减数分裂与四分子嵌合体特征

观察由条斑紫菜色素突变基因标记的丝状体（2n）成熟后释放壳孢子，其萌发后经减数分裂形成 2～4 色块嵌合的个体，未发现 4 色块以上的嵌合个体存在（彩图 71）。

条斑紫菜的遗传学特性已经用杂交和子代性状分析得到验证。用色素突变体与野生型配子体杂交得到杂合的丝状体，藻丝成熟形成的壳孢子是野生型基因和色素突变基因杂型合子，减数分裂后的分离比为 1∶1，随机排列；幼叶状体 4 个细胞就是壳孢子减数分裂的产物，四分子呈线性排列，因此紫菜叶状体可能是具有不同遗传背景的嵌合体。条斑紫菜壳孢子萌发分裂过程中的表达规律，为研究紫菜属海藻减数分裂和早期发育生长模式提供了重要依据。当然，只有引入色素突变体才能清楚地揭示紫菜减数分裂和子代配子体嵌合的遗传机理（彩图 72）。

（三）紫菜性决定和性分化机制的遗传分析

紫菜的性别按分类学可基本分为雌雄同株型、雌雄异株型和雌雄同株兼有雌雄异株（或雌雄异株兼有雌雄同株）型。雌雄生殖细胞在叶状体上的分布规律属紫菜物种的特征，也是分类学的重要依据。

有关紫菜的性别表现及决定机制，最早由加拿大藻类遗传学家 John ven der Meer 和他的学生 Mitman 对一种生长分布在北美地区的紫菜（*P. purpurea*）开展了研究，*P. purpurea* 的叶状体早期生长阶段就可区分雌雄组织区域，两性区域间有明显的界线，分生于藻体的两侧，并可以通过颜色直接鉴别。*P. purpurea* 的早期发育模式研究表明，同一叶状体上的雌雄两部分组织区域是由壳孢子初始萌发分裂后，多数顶端细胞横向分裂而成。*P. purpurea* 藻体性别区域是由壳孢子萌发分裂的 4 个细胞的上面的 2 个细胞发育而来，显示其性别的发生与减数分裂有关。性比分析结果显示，藻体的性别发生比例与等位基因分离规律吻合。研究结果说明，

P. purpurea 的性别发生受 1 对等位基因控制，在壳孢子初始萌发分裂时，性等位基因随减数分裂分离，表现两性的初始细胞在同一个体上各自分别生长发育，长成雌雄组织的嵌合体，表现为雌雄同株、两性区域分生的藻体。

条斑紫菜性别表现为雌雄同株型的另一类型，只在成熟时期才显示出两性生殖细胞小区域间生的现象，且无论是壳孢子或单孢子萌发生成的叶状体，从未观察到单一性别的植株，生殖器官始终是间生或混生，没有性别组织分生现象，雌雄性别分化表现也没有可计量的等位关系。在对条斑紫菜色素突变型嵌合个体生长的观察中发现，由颜色标记的同一组织中无一例外地会同时形成两性生殖细胞，这表明藻体性别表现与减数分裂的性别分离无关。色素突变型嵌合个体生长还显示条斑紫菜具直线生长发育特性。这表明条斑紫菜的性别发生与 *P. purpurea* 的性决定机制不同，是性分化的结果（许璞，2005）。

从现有对紫菜染色体研究的资料来看，紫菜属主要有 3 条染色体和 5 条染色体（含 4 条染色体）两个种类。3 条染色体类型，如条斑紫菜、甘紫菜等。5 条染色体类型，如 *P. Purpurea*、坛紫菜等。它们在生物学特性和性别发生机制上都存在差异。黑木等（1971）对紫菜无性生殖行为的研究结果表明，在他们所观察的 18 种紫菜中，有无性生殖的种类皆为 3 条染色体类型，而具 5 条染色体的种类（含 4 条染色体的种类）一般没有无性生殖行为。许璞（2005）指出，依据性决定的理论，紫菜叶状体为嵌合型的个体，那么无性生殖（单孢子）将导致紫菜藻体性别性状的分离。如果是性分化，则单孢子生成的藻体是壳孢子生成藻体的组织细胞系的延续，它们应显示同源细胞的性别，即无性别性状分离，如条斑紫菜等。目前已有的资料显示，5 条染色体的种类不具无性生殖特性，它们表现为性决定机制；而 3 条染色体的种类，具有无性生殖行为，它们在性别发生上通常属于性分化类型。关于紫菜细胞染色体数、无性生殖行为等生物学特征是否与性别发生机制相关，还需要更多的研究资料来判断和验证。

七、条斑紫菜的生长与发育

(一)叶状体的生长与发育

自然界的条斑紫菜叶状体发生从壳孢子萌发开始。当壳孢子萌发经过减数分裂后形成多细胞的小紫菜，幼苗期的小紫菜可进行无性生殖放散单孢子形成叶状体。所以，在条斑紫菜的自然分布地及人工养殖网上，人们所见到的叶状体是由壳孢子或单孢子萌发形成的。

1. 壳孢子萌发形成的叶状体生长特点

放散出的壳孢子遇基质即附着，细胞随即拉长萌发。靠近附着物部位为藻体基部，较为透明，细胞内容物则推向前端（彩图73-1）。壳孢子萌发第1次细胞分裂为横分裂，形成上下两个细胞（彩图73-2），随着第2次、第3次细胞的横分裂，呈现细胞线性排列的幼苗（彩图73-3、彩图73-4）。条斑紫菜幼苗数十个细胞均为横分裂而来，其后细胞开始出现纵分裂。纵分裂的位置往往从藻体前端或中部先开始，靠近附着部位的细胞则形成基部细胞，向下伸出假根丝，逐渐组成柄部和假根，幼苗不断分裂生长至形成多细胞的小紫菜（彩图73-6）。

（1）壳孢子萌发形成的叶状体是嵌合体 研究证实，条斑紫菜壳孢子是二倍体，以减数分裂从孢子体世代向配子体世代过渡。有研究用颜色作为标记，直观地记录了壳孢子经减数分裂形成的顺序四分子（ordered tetrad）体，为揭示紫菜嵌合体基因的表型效应及定位表达提供理想的实验体系。

（2）初始发生细胞分裂所处位置对藻体形态形成的影响 条斑紫菜色素嵌合体分裂过程除了直观地表现了条斑紫菜减数分裂发生的位置、过程和基因的分离状态，也揭示了壳孢子萌发过程中藻体细胞的排列生长顺序。初始发生细胞分裂所处的位置对藻体形态形成具有影响，通常靠近基部的细胞不具生长势头，分裂缓慢或逐渐向下伸出假根丝，集结形成固着器。

（3）具生长优势的细胞是叶状体形态形成的主要贡献者 壳孢

子萌发的嵌合体由于不同的遗传背景，基部上端的 2 个或 3 个细胞往往呈现不同的生长势头。因细胞分裂速度的不同，最终生长快的配子形成的组织逐渐占叶状体大部分区域（彩图 74，箭头所示）。因此，对条斑紫菜壳孢子幼苗来说，除了基部细胞，其他具生长优势的细胞是其叶状体形成的主要贡献者。

2. 单孢子藻体形态形成特点

单孢子叶状体由 1 个营养细胞形成的单孢子体（n）释放后萌发形成，其萌发及藻体形成细胞均是有丝分裂（彩图 75）。单孢子叶状体具有相同的遗传背景，与壳孢子苗的嵌合体性质有很大差别。尽管条斑紫菜单孢子在生活史中位于一个支环的位置，但是单孢子在人工栽培生产中具有特殊的意义，是养殖中苗种的重要来源和补充，也是优嫩原藻的保证。

（二）丝状体的生长与发育

条斑紫菜丝状体属孢子体世代，丝状体的生长从果孢子萌发开始，经历丝状藻丝生长、孢子囊枝生长、壳孢子形成与放散 3 个时期，每一个时期随着生长发育，其形态也有相应的变化。

1. 果孢子萌发

放散出的果孢子经变形附着后即萌发，首先是伸出萌发管（彩图 76-1、彩图 76-2），光学显微镜下可观察到细胞原生质流入萌发管内（彩图 76-3），形成豆芽状萌发体（彩图 76-4）。

2. 丝状藻丝生长

果孢子萌发后进入丝状藻丝生长阶段（彩图 77-1、彩图 77-2），丝状藻丝是单列细胞组成的分枝状藻丝（彩图 77-3），生长方式主要为侧枝生长（彩图 77-4、彩图 77-5）和顶端生长（彩图 77-6、彩图 77-7），以分枝生长的形式进行增殖。显微镜观察自由丝状体丝状藻丝的特征细胞为细长圆柱形，细胞间有纹孔连丝（彩图 77-8），色素体为侧生带状（彩图 77-9），超微结构观察到营养藻丝细胞具围周类囊体（图 6-16）。

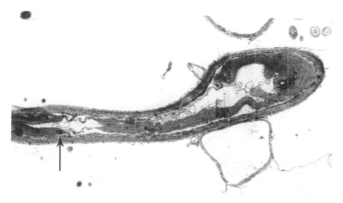

图 6-16 营养藻丝细胞具围周类囊体

3. 孢子囊枝生长

丝状藻丝生长到一定阶段开始发育（彩图78），在藻丝的侧枝或顶端的细胞膨大，形成孢子囊枝细胞，或是一段藻丝的1个细胞直接增粗形成孢子囊枝细胞。起始是一个细胞，随着细胞分裂或侧枝生长（彩图79-1、彩图79-2）或顶端生长（彩图79-3、彩图79-4），逐渐形成不规则的孢子囊枝分枝。

显微镜观察孢子囊枝的特征：细胞直径较丝状藻丝明显增粗，分枝同样由单列细胞组成（彩图79-5）。与丝状藻丝有明显区别的是，孢子囊枝细胞色素体为单一深红色星状色素体，位于细胞中央（彩图79-6）。超微结构观察显示，孢子囊枝细胞色素体无围周类囊体（图6-17a），色素体中部为1个蛋白核。孢子囊枝细胞间具纹孔连丝（图6-17b）。

4. 壳孢子形成与放散

孢子囊枝细胞成熟后，细胞分裂形成壳孢子囊枝（彩图80-1），分裂后的细胞即为壳孢子。此时的壳孢子都两两成双包在同一个细胞膜中，这一细胞分裂现象又称"双分"（彩图80-2）。壳孢子成熟放散时（彩图80-3），包被壳孢子的细胞壁融化、消失，使分枝呈管状（彩图80-4），壳孢子依次从开口处排出（彩图80-5），可见排放完壳孢子的空囊（彩图80-6）。

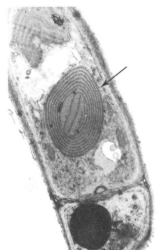
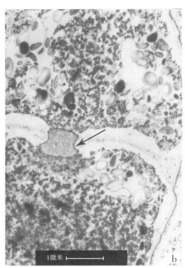

图 6-17　孢子囊枝细胞超微观察

a. 孢子囊枝细胞具围周类囊体　b. 孢子囊枝细胞间纹孔连丝

刚放散出的壳孢子尚未形成细胞壁，直径 8～12.5 微米，色素体呈星状，会做短时间的变形运动，然后附着于基质上，呈倒梨形，形成新的细胞壁。超微结构观察这些成熟的孢子囊枝的特征：壳孢子囊具细胞壁，囊中分裂形成的细胞无细胞壁，且两细胞之间不具纹孔连丝（图 6-18）。

八、条斑紫菜育种技术

条斑紫菜是紫菜生产国的主要养殖品种，我国条斑紫菜产业化养殖始于 20 世纪 70 年代。传统的育

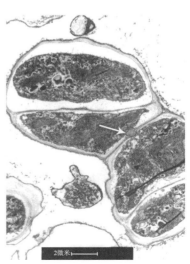

图 6-18　壳孢子囊枝超微结构

（箭头示纹孔连丝）

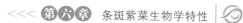

苗操作都是每年春天从养殖紫菜群体中选取成熟的叶状体作为种藻获取果孢子，接种至贝壳培养丝状体，秋天从培养成熟的丝状体获得壳孢子再养殖叶状体，条斑紫菜雌雄生殖细胞混生，其自交率可达50%，它们的后代具很高的亲缘性。这种建立在早期生活史和种苗实验生态学研究基础上的传统的育苗操作，未充分认识到紫菜复杂的遗传背景影响，虽然解决了"种子"的来源与数量问题，但并未解决"种子"的质量问题，很难避免种质性状质量下降，无法保证生产上应用的是较好的种质。因此，选育良种是产业发展的必然需求。

（一）条斑紫菜育种方法及进展

条斑紫菜的育种方法与技术是随着对条斑紫菜性状差异的观察和认识、生物细胞学以及遗传特性研究深入而逐步完善的。研究显示，与其他大型经济海藻的育种技术不同，条斑紫菜具有叶状体个体发生与生长机制、很强的无性繁殖能力（包括继代繁殖）等十分独特的遗传学机制，都对研究育种技术产生影响。这决定了单倍体的育种方法将主要用于构建条斑紫菜育种学基础，而突变性状选择、诱变及遗传重组将是主要的紫菜育种方法。初期条斑紫菜养殖依赖于从野生藻落中选择引种，张佑基等（1987）通过连续多代的自交纯化选育，获得一个条斑紫菜高产品系——长叶型条斑紫菜。20世纪90年代起，江苏省海洋水产研究所藻类工作者通过研究，采用多种方法获得一批稳定的育种材料，选育出以"Y-9101"为代表的高产品系，"Y-9502"和"Y-9430"为代表的优质抗逆品系，以及数个适合不同养殖区域、不同养殖方式的适应性品系，经循序渐进的示范推广，逐步扩展及渗透到条斑紫菜养殖的各个主产区，改变了引用野生种质的历史，也使一度曾对生产有严重负面影响的条斑紫菜种质混杂问题得到了显著改善。这一时期的研究和试验为国家级紫菜种质库的建设奠定了技术基础，育种材料也分别成为国家级紫菜种质库育种基础种质，更为重要的是形成了可操作、实用的条斑紫菜育种技术路线（图6-19）。其中，无配育种及诱变育种两种技术对我国国家级紫菜种质库的建立，以及遗传育种研究等起到了推动作用。近年来，我国条斑紫菜已有 1/3 生产面积应用了良种（品系），与这些种质技术的建立直接相关。

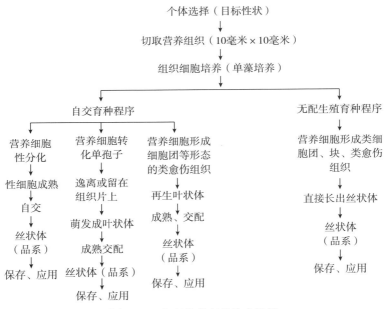

图 6-19　条斑紫菜育种技术路线

　　随着育种研究的深入，对紫菜性状特征分析始终是个难题，尤其定量分析研究几乎未见重要进展。对种质特性的评估，除参照经典的形态学研究方法进行描述外，基本沿袭日本紫菜遗传学家 Miura 的方法，主要包括藻体长宽比值、生长势（产量）、光合色素含量、组成比值以及遗传力等，与作为可以实际应用的性状特征评价方法相距尚远。研究认为，通过定量分析，对条斑紫菜物种的主要经济性状进行系统的研究，建立能够客观描述紫菜物种特性的育种性状指标，特别是条斑紫菜种质经济性状的定量测评技术十分必要。对紫菜的游离氨基酸、脂肪酸和挥发性化合物进行了较为系统的测量分析，结果证明，紫菜游离氨基酸含量与加工制品的味感有密切关系，其含量及组成在条斑紫菜不同品系中有明显差异，因此紫菜藻体的游离氨基酸量值是育种研究中品质性状的重要测评指标。紫菜脂肪酸组成较为稳定，生长环境对其含量变化影响很小，其组成特点在物种间差异明显，适宜作为种间差异的鉴别指标。由于其在物种内含量稳定，表现为稳定性状，因而在育种研究中可以作为生化突变体及特殊种质的性状测评指标。条斑紫菜的挥发性成分及组成相当稳定，其中主要成分与组成的变化可被定量分析，这对认识生化突变体、评估特殊生化性状等很重要。因此，对条斑紫菜选育良种进行主要经济性状综合测评的具体指标包括生长势（产量）、藻体厚度、丝状体成熟度（壳孢子放散量）、壳孢子采苗效率、抗逆性（温度、光照的胁迫生理反应）、品质质量成分（可溶性蛋白、游离氨基酸、藻胆蛋白等）。

育种研究与良种应用实践证实，对综合性状的要求主要通过叶状体性状表现的复合指标来进行选择评估，而设计合理的选择指标，以及通过诱变、遗传重组等途径产生变异性状，是创新种质的重要方法。

（二）条斑紫菜遗传特性与良种应用技术的关系

对于紫菜物种而言，由于其藻体是单倍体，就某一单个性状的选育育种较为容易，如高产性状。然而，实践表明，很多高产品种（系）并不适合生产应用，这与某些高产种质的"年景效应""区域效应"以及产品品质较差的特点有关，这涉及种质的逆境适应性和品质性状的复合问题。由于紫菜物种的经济性状不具有二倍体的性质，因而也不能利用在核遗传水平上可能的功能复合的"共效"性质。

条斑紫菜遗传特性与良种应用技术的研究进展包括以下几点。

（1）只有同配接合产生的丝状体能保存种质性质，即只有纯系丝状体才是有意义的。

（2）杂交若具有优势，只表现在丝状体阶段，进入叶状体阶段其性状易分离。因此，养殖上无法利用杂交优势。但杂交可能由遗传重组在后代叶状体表现生长优势，这种优势可能是遗传性状多样化或"簇状"遗传结构表现的结果。比例合适的纯系"种子"混合养殖也会出现类似优势。

（3）大多数情况下，选育是对重组优势个体的选择。就单一性状而言，严格的自交即可得到高度稳定的保存系，而由单孢子或单离营养细胞生成的个体自交，当代就可达到纯合的目的。但是，纯合纯度越高，遗传多样性也越低，种质的抗逆范围也可能越小。

（4）就目前的紫菜育种学认识，从同一生长群体选择众多优势个体，采用遗传学方法就某一性状或多个性状进行利用，可能较为合适。这也是目前国内外最常用、最具实用价值的育种方法。

（5）采用"种菜"作种源，由于其自交的频率对选择作用做半数保留，并具有最大的遗传多样性，其实质也是对群体遗传性状的利用，这在养殖环境不稳定的情况下较为有利。我国条斑紫菜潮间带养殖的生态条件最为严酷，这可能是生产上长期延续使用这一方法的重要原因之一。但是，这种方法的不确定性也是显而易见的。就以往的生产实践来看，利用野生种源的第2代"种菜"，往往可以取得很好的生产结果，但在同一产区连续就同一种源累代采用这一方法，将不可避免地加速大面积种质退化进程。

（6）在养殖生产上，有效利用种质资源的遗传性状是一项策略性很强的措施，应根据养殖环境与气象、作业方式与条件，以及种质资源的特性合理安排才能获得好的养殖结果。

（三）条斑紫菜育种操作

条斑紫菜育种操作包括3个方面的工作内容：种藻选择采集、种质制备与保存、种质丝状体的增殖培养。

1. 种藻选择采集

种藻是育种的基础，应根据育种的目的挑选种藻。选择内容包括藻体生长势、藻体长宽比、藻体色泽、藻体厚薄、藻体单孢子释放和有性繁殖，以及进一步生化分析显示的藻体蛋白质、氨基酸和特殊成分含量指标等方面。种藻外观形态符合条斑紫菜分类学特征

（彩图81），通常是在藻体生长最旺盛、材料最充分的时期进行种藻选择。如果种藻是用来收集果孢子的，则生殖细胞形成的区域宜不超过藻体面积的1/3。

2. 种质制备与保存

（1）制备 种质制备是根据制种目的与用途，对选用的种藻材料进行适当切块，然后进行培养。操作包括种藻表面的洗刷、干燥处理、冷冻处理、消毒海水漂洗、切块等，有些步骤需要反复进行（彩图82）。

（2）培养 从种藻切取的组织置培养皿、小型试剂瓶或三角烧瓶中，隔离、静置培养（彩图83）。重要的是，无论用于何种目的的切块材料，都需在隔离的环境中培养制备成种质丝状体。

通常培养成熟组织切片经20～30天，就可获得合适的丝状体藻球。营养组织切块在较弱的光照和较高温度下，经类愈伤组织途径直接长出丝状体的培养材料形成藻球需要2个月以上或更长时间。小型培养在光照培养箱进行较为合适，或利用有控温条件的培养室进行（彩图84）。

（3）分离 培养材料出现合适的藻球，且培养容器中无杂藻藻落出现，即可进行分离。分离操作适宜在超净工作台上进行，操作器械均需要煮沸消毒。分离后的丝状体需再经20～30天培养，确认无杂藻污染的丝状体就可转入长期保存程序。

（4）保存 条斑紫菜种质丝状体长期保存可采用液相（试管＋藻球＋保存液）或半固相（试管＋琼脂培养基＋藻球＋保存液浸没斜面）方法进行（彩图85）。种质丝状体长期保存的条件：温度5～10℃，光照度300勒克斯左右，光照12小时（白天）：黑暗12小时（晚上）。通常采用普通的市售低温食品陈列柜作为保存系统（彩图86）。

3. 种质丝状体的增殖培养

通常种质制备后形成的丝状体量很少（彩图87），必须经过分级增殖培养才能达到一定的数量应用于生产。丝状体的增殖培养需要有专门的培养空间及设施。基本要求为培养台、培养架，配套的光源设施、小型气泵等，培养室内应有空调，以便调控温度。一般温度 15～18℃，光照度 2 000～3 000 勒克斯，光时 14～16 小时。

种质丝状体的增殖方式以悬浮培养为宜。可分为分级培养和大量培养两种。培养液一般为自然海水（相对密度 1.020～1.022）煮沸或微孔滤膜处理，再添加 PES 营养盐或其他有效培养配方配制。

（1）分级培养　将制备形成的丝状体小藻球，置于小型试剂瓶或三角烧瓶，静置培养，至藻球生长至 0.5～1 厘米大小，用食品粉碎机略做切割分散，转至 500 毫升或 1 000 毫升三角烧瓶中培养（彩图 88）。

（2）大量培养　由分级培养提供的丝状体经食品粉碎机切割分散，按 1∶（200～300）比例接种。培养容器一般为 5 000 毫升或 10 000 毫升透明玻璃瓶，光生物反应器等特殊培养装置有更高的培养效率（彩图 89）。培养所需气体可由小型观赏鱼用气泵供给，气体应经 1‰～2‰硫酸铜溶液过滤。20 天左右更换 1 次培养液。培养的关键是防止污染，这样才能取得良好的培养效果。

九、条斑紫菜新品种的选育及其生物学特性

自 20 世纪 90 年代起，江苏省海洋水产研究所藻类工作者在对紫菜遗传特性深入了解的基础上，建立了农业部"国家级紫菜种质库"，通过多种技术方法获得一批稳定的条斑紫菜育种材料，培育出 10 个具有潜质的条斑紫菜养殖品系，其中条斑紫菜"苏通 1 号"（GS-01-008-2013）和"苏通 2 号"（GS-01-014-2014）分别于 2013 年和 2014 年通过了全国水产原种和良种审定委员会的审定，获得新品种证书，成为我国目前仅有的两个条斑紫菜新品种。

（一）条斑紫菜"苏通 1 号"

"苏通 1 号"保持了条斑紫菜的性状特征，在养殖季节都能够保持稳定生长。产量比原产地引种种质（青岛野生）增产 37.7%，

增产、稳产特点明显；贝壳丝状体培育成熟度高，后期能够集中大量放散壳孢子，达到条斑紫菜壳孢子采苗生产的需要；幼苗单孢子发生条件要求较宽，易形成合理的幼苗种群结构，全苗网帘育成率高。"苏通1号"藻体藻蛋白含量比普通品系高约15%，在适温期叶绿素荧光参数显示其生理状态活跃，藻体光合活性明显高于普通品系；而且藻体较薄，尤其在生长后期藻体厚度仍较薄，保证了加工制品品质优良。藻体不饱和脂肪酸含量占总脂肪酸含量的65%以上，具有较高的营养价值。

1. 选育过程

为选育出适合江苏沿海条斑紫菜主产区养殖，具有生长优势和品质优势、稳产的条斑紫菜新品种，选取了山东青岛沿海自然种群条斑紫菜作为亲本，利用农业育种常用的辐照射（^{60}Co-γ）诱变结合高光照度胁迫诱导的育种方法，进行了"苏通1号"的选育工作。技术路线为基础种质筛选，获取丝状体种质→ 丝状体^{60}Co-γ诱变处理→ 诱变丝状体接种至贝壳，培养成熟放散壳孢子→ 收集壳孢子苗，高光照度胁迫培养→ 获取种质丝状体→ 接种至贝壳，丝状体成熟放散壳孢子；海区养殖采集单孢子，选育→ 通过无配生殖获取选育第1代丝状体→ 丝状体接种至贝壳，种苗培育，放散壳孢子，试验性海区养殖，由 F_1 叶状体选育获取第2代纯系丝状体→ 重复上述循环的选育工作，获取第3代纯系丝状体→ 重复上述循环的选育工作，获取第4代纯系丝状体。

（1）基础种质建立　2003年春季，在江苏南通紫菜产区人工养殖群体（青岛野生条斑紫菜经过无配生殖途径获取的丝状体种质）中选择大型藻种30株，切取藻体前端部分混合培养，产生丝状体分离保存为基础种质。

（2）诱变及胁迫处理　取基础种质丝状体，做^{60}Co-γ诱变处理，剂量900戈瑞，诱变后的丝状体恢复培养3天，用食品粉碎机切割后接种至贝壳，贝壳丝状体培养按照生产性管理措施进行，待丝状体发育成熟释放壳孢子，采集壳孢子幼苗。在实验室条件下，将幼苗置8 000勒克斯、16小时光照：8小时黑暗、（25±1）℃条件下诱导培养，约 100 天后，挑选成活并生长良好的丝状体藻落为第 1 代种质丝状体。

（3）目标种质建立　2004 年选育种质丝状体经扩增培养、接种至贝壳后，生产性培养至贝壳丝状体成熟，采集壳孢子苗进行不同海区培养，培养 15 天后幼苗开始形成并释放单孢子，采用重网收集释放出的单孢子苗，经过养殖观测，选择具生长优势、色泽优势的单株藻体进行种质制备。大多数学者认为，现有的研究已经证实紫菜的减数分裂发生在壳孢子萌发阶段，即紫菜壳孢子（$2n$）萌发初始的 2 次分裂是减数分裂，紫菜壳孢子苗最多由 4 个配子细胞组成。紫菜单孢子是由营养细胞转化来的，1 个营养细胞（n）形成 1 个单孢子，由单孢子萌发生成的藻体，理论上证实其所有细胞具有相同的基因型。基于这一理论，"苏通 1 号"在选育过程中选择了由单孢子萌发生成的藻体，并由此经过无配生殖的制种过程，直接获得基因型纯合的目标种质丝状体——Y-L0601。用此方法，2005 年继续选育获得第 3 代种质丝状体，2006 年选育获得第 4 代种质丝状体。

（4）"苏通 1 号"种质建立　在江苏南通条斑紫菜主产区养殖条件下，针对 Y-L0601 良种适用性，科研人员开展了连续 3 代选育，选育内容包括种苗培育和海区养殖。

将 Y-L0601 自由丝状体接种到贝壳，观察丝状体萌发钻孔的情况以及丝状藻丝生长、孢子囊枝形成的情况，注意丝状体后期培育管理所需的促熟措施，以及丝状体成熟放散壳孢子的时间和放散量。采集壳孢子并进行海区养殖，对 F_1 叶状体生长特性进行评估，包括藻体形态、藻体厚度、染色体数量、藻体色泽（光合色素）、藻体光合生理特征、蛋白质、游离氨基酸、挥发性物质等。结果证实，上述目标种质叶状体的优良性状均能够稳定遗传。F_1 叶状体藻体形态与母体相似，藻体和产品色泽均表现出一致性。从 F_1 叶状体单孢子群体中筛选具典型特征的藻体，经无配生殖途径获取纯合第 2 代丝状体种质，将第 2 代丝状体接种至贝壳，按照同样的选育方法获得 F_2 叶状体，继续对形态、生理和生化特征进行测定分

析,结果显示,F$_2$叶状体群体良种性状表达与F$_1$叶状体群体表达非常一致,证实了性状遗传的稳定性。用相同的方法,由F$_2$叶状体获取了第3代丝状体种质,继续对F$_3$叶状体性状的稳定性进行观察,F$_3$同样稳定表达了良种性状。至此,综合性状优良、表达稳定、适宜条斑紫菜主产区种苗培育和生产性栽培的新种质(第4代种质)选育完成。并且该种质F$_3$筛选获得的丝状体经扩繁后,按照国家级紫菜种质库的种质保存流程,多个备份丝状体种质进入并保存于国家级紫菜种质库,保存品系编号确定为Y-L0601。

2010年3月14—15日,国家"十一五""863"计划重大项目"紫菜、江蓠等优质、高产、抗逆品种的选育"课题组专家对新品系示范点进行现场考察和验收,并将该品系正式定名为"苏通"(Y-L0601)。专家组认为,条斑紫菜"苏通"(Y-L0601)选育背景清晰,育种技术程序规范,优良性状显著,建议申报条斑紫菜新品种。2013年12月通过全国水产原种和良种审定委员会审定,专家建议将此条斑紫菜新品种名称更改为"苏通1号"。

2. 中试情况

选择海安县兰波实业有限公司育苗场、江苏瑞达海洋食品有限公司育苗场、南通华莹海苔食品有限公司和赣榆区润雨海藻培植场为种苗培育示范基地。选择南通华莹海苔食品有限公司、海安县兰波实业有限公司、南通海益苔业有限公司、大丰区瑞达海洋食品有限公司、大丰区海洋捕捞责任有限公司、连云港金喜食品有限公司为养殖示范基地。连续多年的生产性中试证实,条斑紫菜"苏通1号"在生长、产量、品质和产值等方面增效显著,具有条斑紫菜良种性状。中试结果介绍如下。

(1)种苗培育 海安县兰波实业有限公司(以下简称兰波公司)育苗场,位于江苏省海安县老坝港,种苗培育面积10 000米^2。通过项目的实施和技术指导,基地2011年紫菜壳孢子采苗共34 550亩,每平方米贝壳能采3.4亩苗网;2012年紫菜壳孢子采苗共计42 750亩,技术指标达到每平方米贝壳能采4.2亩苗网。兰波公司为紫菜良种的应用和推广做出了重要贡献。

条斑紫菜种苗培育基地之一——江苏瑞达海洋食品有限公司位于江苏大丰海洋经济综合开发区瑞达路，种苗培育面积 7 010 米²。通过项目的实施，基地 2011 年紫菜壳孢子采苗共 12 788 亩，每平方米贝壳能采 1.8 亩苗网；2012 年紫菜壳孢子采苗共计 13 607 亩，技术指标达到每平方米贝壳能采 1.9 亩苗网。

2 个示范基地种苗培育的结果显示，"苏通 1 号"已达到并符合生产性种苗培育的要求。

（2）单孢子苗发生　2012—2013 年度试验品种单孢子苗及苗量比较见表 6-1，"苏通 1 号"品系在下海 87 天苗量已达每厘米网线 1 134 株。其中，单孢子幼苗每厘米网线 876 株，占总苗量的 77%，总苗量较其他 2 个条斑紫菜表现出了单孢子发生条件较宽、易形成合理的幼苗种群结构、优质苗帘育成率高的趋势。根据多年的生产实践统计比较，在养殖生产中，采收前如果苗量达到每厘米网线 1 000 株，应该属于稳产、高产苗网。因此，"苏通 1 号"具有条斑紫菜单孢子发生宽，易形成全苗网帘的良种性状。

表 6-1　2012—2013 年度试验品种单孢子及苗量比较（株/厘米）

品系	下海 26 天	下海 48 天	下海 87 天
	总苗量/单孢子苗	总苗量/单孢子苗	总苗量/单孢子苗
青岛野生	212/98	1 494/1 337	421/350
"苏通 1 号"	1 877/71	2 432/2 135	1 134/876
普通品系	1 679/80	4 223/4 085	1 019/830

（3）栽培产量及加工品质　2011 年、2012 年试验品种养殖产量比较分别见表 6-2、表 6-3。2011 年"苏通 1 号"产量累计为 397.5 千克/亩，较青岛野生品系和普通品系分别提高 65.63% 和 26.19%。2012 年"苏通 1 号"产量累计为 765.0 千克/亩，较青岛野生品系和普通品系分别提高 37.84% 和 18.60%。2 个生产年度的增产结果和 2010 年验收产量测算比青岛野生品系增产 37.7%，充分显示了该品系增产的稳定性，养殖结果证明该品系具

有稳产、优质的条斑紫菜良种性状。

表 6-2　2011 年试验品种养殖产量比较（千克/亩）

| 品系 | 采收 1 | 采收 2 | 采收 3 | 采收 4 | 合计 |
	2012 年 1 月 1 日	2012 年 2 月 28 日	2012 年 3 月 28 日	2012 年 4 月 18 日	
青岛野生	54	75	90	21	240.0
"苏通 1 号"	82.5	165	132	18	397.5
普通品系	66	105	120	24	315.0

表 6-3　2012 年试验品种养殖产量比较（千克/亩）

| 品系 | 采收 1 | 采收 2 | 采收 3 | 合计 |
	2013 年 1 月 27 日	2013 年 3 月 3 日	2013 年 4 月 13 日	
青岛野生	112.5	202.5	240.0	555.0
"苏通 1 号"	195.0	225.0	345.0	765.0
普通品系	172.5	187.5	285.0	645.0

2011—2012 年以示范基地南通华莹海苔食品有限公司生产情况为例，新品种的应用从产量和质量两个方面稳定地提高了经济效益。

根据 2011 年度江苏省紫菜协会统计显示，全省亩产为 1.87 箱，南通华莹海苔食品有限公司平均 2.77 箱/亩，较全省平均亩产提高了 48.13%。同时，该公司当年紫菜销售总平均价格为每百枚 41.06 元，比当地启东紫菜交易市场平均价格提高了 9.52%，较全省平均价格提高了 11.70%。

2012 年度江苏省紫菜协会统计显示，全省亩产为 3.27 箱，南通华莹海苔食品有限公司这一生产年度平均亩产 4.03 箱，比全省平均亩产提高了 23.24%。公司当年紫菜销售总平均价格为每百枚 35.07 元，比当地启东交易市场平均价格提高了 4.13%，较全省平均价格提高了 8.37%，从产量和质量 2 个方面稳定地提高了经济效益。

综合以上种苗培育和养殖生产的验证，"苏通 1 号"具备条斑紫菜良种性状，适合在主产区推广应用。

3. 品种特性

（1）生物学特征

①形态学特征。"苏通1号"藻体具典型条斑紫菜特征，藻体边缘属全缘，基部大多数呈楔形。藻体成熟期具雌雄相间条纹状的生殖细胞，但生殖细胞形成较少。藻体呈紫褐色，色深具光泽（彩图90）。养殖藻体长度均一，一般为25～35厘米。

"苏通1号"藻体由单层细胞构成，养殖盛期藻体厚度为（22±1.1）微米，末期为（31.5±4.0）微米。从养殖生物学特性看，藻体厚度一般随生长日龄增长，生长前期藻体嫩薄，生长后期藻体增厚老化。藻体厚度对加工产品的质量有重要影响，藻体厚度介于22～24微米，可达到优良制品的水平。具有无性生殖特性的"苏通1号"养殖前期可在基质（网帘绳）上形成多代生长苗群，随着生长-采收节律，生长群体发生交替，合理的苗群结构会使采收藻体的厚度增加变缓，保证了原藻良好的加工品质。

②细胞学特征。"苏通1号"叶状体细胞为单倍体，染色体数 $n=3$；丝状体细胞为二倍体，染色体数 $2n=6$。

③分子遗传学特征。微卫星标记技术表明，在"苏通1号"叶状体和丝状体中均含有一条稳定的特异性标记谱带。

（2）生理生态特性

①游离氨基酸。每100克"苏通1号"游离氨基酸含量约2 500毫克，与对照养殖品种相近。其中，4种主要游离氨基酸Glu、Ala、Arg、Asp质量分数达到总游离氨基酸的80%以上，含量表达稳定（表6-4）。

表6-4 每100克条斑紫菜品系中游离氨基酸组成（毫克）

名称	Y-W0401（对照）	"苏通1号"
Glu	434.55	401.92
Ala	810.83	797.98

（续）

名称	Y-W0401（对照）	"苏通 1 号"
Arg	961.53	961.03
Asp	117.96	130.62
总量	2 497.73	2 500.04

②可溶性蛋白质。每克藻体可溶性蛋白质测试含量为 45.00 毫克，比每克对照养殖品种的 39.01 毫克高出约 15.36%，显示该品种藻体含有较多的食用性蛋白成分和呈味物质（表 6-5）。

表 6-5　每克测试品系可溶性蛋白质含量（毫克）

测试内容	Y-W0401（对照）	"苏通 1 号"
可溶性蛋白质含量	39.01±0.41	45.00±0.40

③脂肪酸含量。"苏通 1 号"与对照养殖品种脂肪酸组成及含量相似，饱和脂肪酸主要成分是 $C_{16:0}$，不饱和脂肪酸主要成分是 $C_{20:5}$，$C_{16:0}$ 质量分数均在 28% 左右，$C_{20:5}$ 质量分数则在 46%～50%（表 6-6）。

表 6-6　条斑紫菜不同品系藻体脂肪酸质量分数（%）

种类	Y-W0401（对照）	"苏通 1 号"
$C_{16:0}$	29.55	28.42
$C_{20:5}$	47.29	46.06

④挥发性化合物组成特征。"苏通 1 号"和对照养殖品种在挥发性化合物组成方面未出现明显差别。已鉴定的挥发性化合物中，按官能团分类主要为烃类、醇类、醛类和酯类等（表 6-7）。其中，烃类是挥发性化合物中含量最高的成分，相对含量超过总挥发性化合物的 75% 以上；醇类成分含量其次，在 4% 左右；醛类与酯类相对含量较低。

表 6-7 不同品系条斑紫菜挥发性化合物组成（%）

品系	烃类	醇类	醛类	酯类	其他组分
Y-W0401（对照）	76.27	3.97	1.47	0.64	8.29
"苏通 1 号"	76.31	4.06	2.11	0.85	9.48

⑤光合色素特征。"苏通 1 号"的丙酮提取液吸收光谱均存在 3 个明显吸收峰（图 6-20a），分别位于 433（432）纳米、478（477）纳米和 665（664）纳米，2 个品种间吸光值没有明显差异。藻体磷酸缓冲液提取液吸收光谱均有 6 个明显吸收峰（图 6-20b），分别位于 415（416）纳米、437（436）纳米、496（495）纳米、564 纳米、615 纳米和 677 纳米，且 2 个品种的吸光值没有明显差异。对光合色素含量的计算也表明，与对照养殖品种相比，"苏通 1 号"叶绿素 a（Chla）、藻红蛋白（PE）、藻蓝蛋白（PC）和别藻蓝蛋白（APC）等光合色素含量均未出现明显差异。

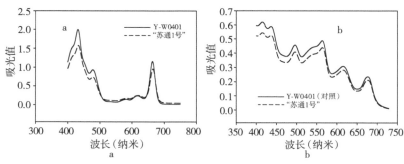

图 6-20 条斑紫菜"苏通 1 号"与对照品系光合色素吸收光谱
a. 叶绿素的吸收光谱　b. 藻胆蛋白的吸收光谱

光合色素含量与比值反映品系的性状特点，尤其光合色素含量及组成特点影响紫菜制品的色泽质量。"苏通 1 号"与普通养殖品种藻体离体色素的吸收光谱基本一致，且峰值差别不大。同样，光合色素含量和相互间比值也未表现出明显的差异，表现出典型的条斑紫菜光合色素组成特征，原藻和加工品的色泽均表现出优良的品质（表 6-8）。

表 6-8　　"苏通 1 号"与对照品种藻体光合色素比值

品系	藻红蛋白/藻蓝蛋白	藻蓝蛋白/别藻蓝蛋白	藻红蛋白/叶绿素 a	藻蓝蛋白/叶绿素 a	别藻蓝蛋白/叶绿素 a
对照品种	1.10±0.09	0.91±0.05	2.75±0.94	2.59±1.00	2.81±1.02
"苏通 1 号"	1.02±0.05	1.00±0.17	2.79±0.57	2.71±0.43	2.86±0.82

⑥叶绿素荧光特征。"苏通 1 号"是经高光胁迫诱导筛选形成的品种,经叶绿素荧光参数的测定,表明其在 2—3 月生产盛期光合生理活性更加活跃,对光能的利用效率显著高于普通养殖品种。

(二)条斑紫菜"苏通 2 号"

条斑紫菜"苏通 2 号"是常熟理工学院和江苏省海洋水产研究所(国家级紫菜种质库)藻类工作者根据我国条斑紫菜养殖方式、主产区特点和产业对养殖品种的需求,在国家"863"计划、国家自然基金等多项科研项目的资助下,经过连续多年选育,形成的在产量、品质和产值等方面增效显著,适于在条斑紫菜主产区养殖的紫菜新品种。"苏通 2 号"藻体养殖品系比野生品系增产17.90%～31.43%,比传统养殖品系增产 10.25%～12.56%,显示出高产、稳产的养殖特点,特别是在平均温度较低的生产年份,高产性状尤为突出。"苏通 2 号"无性繁殖形成单孢子性状明显,易形成合理的幼苗种群结构,优质苗帘育成率高。"苏通 2 号"贝壳丝状体成熟度高,经过后期调控能够集中大量放散壳孢子,达到每平方米贝壳 180 米² 网帘的生产需要。通过测定,"苏通 2 号"海区养殖藻体可溶性蛋白质含量高于普通品系 22.69%,光合参数测定表明,该品种较其他品系对高光照度有较强的适应能力,光能利用效率更高。生化检测显示,藻体不饱和脂肪酸含量占总脂肪酸含量的73.98%,具有较高的营养价值。"苏通 2 号"藻体较薄,尤其在生长后期藻体厚度仍较薄[末期为(31.0±4.4)微米],保证了加工制品品质优良。

1. 选育过程

"苏通2号"是针对江苏北部条斑紫菜主产区水清、低温的需求而开展的适用性种质筛选。选取了山东青岛沿海自然种群条斑紫菜作为亲本,选育技术路线选择了农业育种常用的辐照射(^{60}Co-γ)诱变结合高光照度胁迫诱导的育种方法,利用单倍体、无配生殖育种技术获取纯系种质保存。具体操作为:基础种质筛选,获取丝状体种质→丝状体^{60}Co-γ诱变处理→诱变丝状体接种至贝壳,培养成熟放散壳孢子→收集壳孢子苗,高光照度胁迫培养获取第1代种质丝状体→接种至贝壳,丝状体培养成熟放散壳孢子;海区养殖采集单孢子藻体,选育→通过无配生殖获取选育第2代丝状体→丝状体接种至贝壳,种苗培育壳孢子放散,在适合"苏通2号"新品种的海区养殖,由F_1叶状体选育获取第3代纯系丝状体→重复上述循环的选育工作,获取第4代纯系丝状体。

(1)基础种质 2003年春季,在江苏南通紫菜主产区人工养殖群体(青岛野生条斑紫菜经过无配生殖途径获取的丝状体种质)中选择大型藻体30株,切取藻体前端部分混合培养,产生丝状体并分离保存为基础种质。

(2)诱变及胁迫处理 取基础种质丝状体,进行^{60}Co-γ诱变处理,剂量900戈瑞,诱变后的丝状体恢复培养3天,用食品粉碎机切割后接种至贝壳,贝壳丝状体培养按照生产性管理措施进行,待丝状体发育成熟释放壳孢子。采集壳孢子幼苗,在实验室条件下,将幼苗置8 000勒克斯、16小时光照:8小时黑暗、(25±1)℃条件下诱导培养,约100天后,挑选成活并生长良好的丝状体藻落作为选育种质丝状体(第1代种质)。

(3)品种选育 2004年,第1代种质丝状体经扩增培养、接种至贝壳后,经生产性培养至贝壳丝状体成熟,将采集壳孢子后的苗网放至连云港主产区进行养殖,15天后形成幼苗并释放单孢子,采用重网收集单孢子苗,经过养殖观测,选择具生长优势、色泽优势的单株藻体进行种质制备,得到第2代种质。

2005年,第2代种质丝状体经扩增培养、接种至贝壳后,生产性培养至贝壳丝状体成熟，将采集壳孢子后的苗网放至连云港主产区进行养殖，观察幼苗开始形成并释放单孢子，即采用重网收集单孢子苗，经过养殖的单孢子苗藻体，选择其中具生长优势、色泽优势的单株藻体进行种质制备，获得第 3 代种质丝状体。

2006 年，第 3 代种质丝状体经扩增培养、接种至至贝壳后，经生产性培养至贝壳丝状体成熟，将采集壳孢子的苗网继续放至连云港主产区进行养殖，观察幼苗开始形成并释放单孢子，同样采用重网收集释放出的单孢子苗，单孢子苗网经过养殖观测，选择其中具生长优势、色泽优势的单株藻体进行种质制备，经过选育获得第 4 代种质丝状体。

2006 年，在江苏连云港条斑紫菜主产区养殖条件下，经连续 4 代选育，获得综合性状优良、适宜生产性养殖的新种质。并且该种质丝状体经扩繁后，按照国家级紫菜种质库种质保存系统的管理规程，40 个备份进入保存系统，品系编号：Y-L0602。

2011 年 4 月 9 日，该品系通过了农业部行业公益专项（200903030）项目专家组的现场验收，定名"苏连"。

2014 年 6 月，水产新品种申报申请定名"苏通 2 号"。

2. 中试情况

紫菜育种不仅需要考虑种质的逆境适应性和高产，而且需要综合考虑生物学特性、养殖特征和加工品质等方面的问题。根据紫菜育种实践，"苏通 2 号"中试围绕以下几个方面开展试验：生产性贝壳丝状体种苗培育及壳孢子采苗；苗网培育过程中的单孢子苗发生情况；条斑紫菜主产区养殖适用性及产量的稳定性和加工品质。

条斑紫菜"苏通 2 号"中试包括种苗培育和海区养殖两个方面，在江苏省连云港、盐城和南通 3 个主产区都做了试验安排，通过中试选育出真正适合在主产区养殖的条斑紫菜新品种。选点安排如下：种苗培育基地为赣榆区润雨海藻培植场、江苏瑞达海洋食品有限公司育苗场、海安县兰波实业有限公司育苗场和南通华莹海苔食品有限公司；养殖示范基地为连云港金喜食品有限公司、大丰瑞达海洋食品有限公司、大丰区海洋捕捞有限责任公司、海安县兰波

实业有限公司、南通海益苔业有限公司和南通华莹海苔食品有限
公司。

试验方法，在条斑紫菜主产区选择龙头企业开展种质适用性示
范应用（种苗培育或海区养殖）。紫菜产业中的龙头企业具有规范
的管理和生产操作，是行业中的引领典范，在新品系应用过程中不
仅取得了良好的经济效益，而且起到了辐射良种应用的效果。试验
过程中采取提供良种种质及全程技术指导的方法，对主要基地采取
跟踪观测，记录试验进展，保证中试顺利进行。

中试结果如下：

（1）种苗培育　主要跟踪基地为江苏瑞达海洋食品有限公司育
苗场和海安县兰波实业有限公司育苗场。这两家龙头企业生产操作
规范，育苗面积大，示范辐射良种影响大。

江苏瑞达海洋食品有限公司位于江苏大丰港经济综合开发区瑞
达路，种苗培育面积 7 010 米²。通过项目的实施，基地 2011 年紫
菜壳孢子采苗共 853 公顷，每平方米贝壳 324 米²网帘；2012 年紫
菜壳孢子采苗共计 1 182 公顷，技术指标达到每平方米贝壳 450
米²网帘；2013 年紫菜壳孢子采苗共计 1 138 公顷，技术指标达到
每平方米贝壳 432 米²网帘。

海安县兰波实业有限公司育苗场位于江苏海安县老坝港，种苗
培育面积 10 000 米²。通过项目的实施和技术指导，基地 2011 年
紫菜壳孢子采苗共 2 303 公顷，每平方米贝壳 612 米²网帘；2012
年紫菜壳孢子采苗共计 2 850 公顷，技术指标达到每平方米 756
米²网帘贝壳；2013 年紫菜壳孢子采苗共计 2 407 公顷，技术指标
达到每平方米贝壳 648 米²网帘。

2 个示范基地种苗培育的结果显示，条斑紫菜新品种"苏通 2
号"已达到生产性种苗培育的要求。

（2）海区养殖　主要跟踪示范点为南通华莹海苔食品有限公
司。养殖中试主要对条斑紫菜新品种"苏通 2 号"海区养殖期间单
孢子苗发生和养殖产量及加工品质等方面进行了跟踪观察和记录。

（3）单孢子发生　条斑紫菜的人工养殖中，无性生殖的单孢子

是养殖群体重要的种苗来源。据观察，人工采苗附着的壳孢子苗下海 3 天内，因各种影响因素不断脱落，保苗量仅在 10% 左右，最终在养殖网上形成稳定幼苗群体的主要为经多代无性生殖的单孢子苗群。所以单孢子形成与放散具有重要意义。2012—2013 年试验品种单孢子及苗量比较见表 6-9，"苏通 2 号"在下海 87 天苗量已达每厘米网线 877 株，其中单孢子幼苗每厘米网线 740 株。总苗量比较来看，"苏通 2 号"比"苏通 1 号"略低，但"苏通 2 号"单孢子幼苗占总苗量的比例为 84.4%，高于"苏通 1 号"的 77%，说明单孢子形成与放散条件优于"苏通 1 号"。"苏通 2 号"的单孢子苗量也高于 2 个野生条斑紫菜品系。试验显示，"苏通 2 号"具有条斑紫菜单孢子发生条件宽、易形成优质苗帘的良种性状，这一性状为养殖期间的产量及原藻的质量奠定了基础。

表 6-9   2012—2013 年试验品种单孢子及苗量比较（株/厘米）

品系	下海 26 天 总苗量/单孢子苗	下海 48 天 总苗量/单孢子苗	下海 87 天 总苗量/单孢子苗
大连野生	2 538/70	1 763/1 493	425/351
青岛野生	212/98	1 494/1 337	421/350
"苏通 1 号"	1 877/71	2 432/2 135	1 134/876
"苏通 2 号"	1 085/81	1 742/1 512	877/740
生产良种	1 679/80	4 223/4 085	1 019/830

（4）养殖产量及加工品质   示范点南通华莹海苔食品有限公司，2011—2013 年连续 3 年养殖对比试验总结均表明"苏通 2 号"具有稳产、高产的良种特征。

条斑紫菜养殖面积，按国际通常紫菜养殖面积的计算方法，每 180 米² 网帘为单位面积（为 1 亩），原藻产品的交易是采用国际紫菜贸易通用的模式，所以养殖原藻采收后的加工均采用紫菜全自动加工机，加工制品为国际贸易通用的干紫菜，规格为 29 厘米 × 31 厘米，1 枚 3 克，1 包 100 枚，1 箱 4 200 枚。条斑紫菜养殖产量的高低体现在生产干紫菜箱数和养殖面积的比值上（每 180

米²网帘，箱），原藻质量的差别则体现在每百枚干紫菜的销售价格上（每百枚，元）。新品系养殖生产也采用同样的方式进行比较。

2011年，南通华莹海苔食品有限公司海区养殖面积为83.3公顷，生产季节共收获加工3 457箱紫菜制品（表6-10），平均单产为2.77箱。2011年为条斑紫菜减产年，根据江苏省紫菜协会统计显示，全省平均单产为1.87箱（表6-11），而南通华莹海苔食品有限公司这一生产年度产量稳定，较全省平均单产提高了48.13%。同时，该公司当年紫菜销售总平均价格为每百枚41.06元，比当地启东紫菜交易市场的平均价格提高了9.52%，较全省平均价格提高了13.9%，不仅从产量上，而且从质量上提高了经济效益。

2012年，公司海区养殖面积70公顷，生产季节共收获加工4 235箱紫菜制品（表6-10），平均单产4.03箱。根据2012年度江苏省紫菜协会统计，全省平均单产为3.40箱（表6-11），南通华莹海苔食品有限公司这一生产年度收获产量比全省平均单产提高了18.53%。公司当年紫菜销售总平均价格为每百枚35.07元，比当地启东交易市场平均价格提高了4.13%；较全省平均价格提高了8.37%，同样从产量和质量2个方面稳定地提高了经济效益。

2013年，公司海区养殖面积60公顷，生产季节共收获加工3 809箱紫菜制品（表6-10），平均单产4.23箱。根据2013年江苏省紫菜协会统计显示，全省单产为3.15箱（表6-11），南通华莹海苔食品有限公司这一生产年度产量比全省平均单产提高了34.29%。公司当年紫菜销售总平均价格为每百枚31.69元，比当地启东交易市场平均价格提高了8.16%，较全省平均价格提高了6.41%。同时，由于养殖增产超过了公司加工能力，销售原藻242.2吨，产值增加121.1万元。该生产年度公司产值为历年最高，达628万元，再一次从产量和质量2个方面稳定地提高了经济效益。

表 6-10　2011—2013 年南通华莹海苔食品有限公司紫菜交易统计

生产年度	总箱数	总枚数	总金额 （元）	平均价格 （每百枚，元）	市场平均价格 （每百枚，元）
2011 年	3 457	14 519 400	5 961 673	41.6	37.49
2012 年	4 235	17 787 000	6 237 567	35.05	33.68
2013 年	3 809	15 997 800	5 069 000	31.69	29.30

表 6-11　2011—2013 年江苏省紫菜协会紫菜交易统计情况

生产年度	栽培面积 （公顷）	生产制品 （万枚）	平均单产 （箱）	平均价格 （每百枚，元）	产值 （万元）
2011 年	20 786.7	245 458	1.87	37.76	90 230.36
2012 年	22 953.3	491 883	3.40	32.36	159 173.34
2013 年	28 000.0	556 000	3.15	29.78	165 576.80

综合 2011—2013 年种苗培育和养殖生产的验证，"苏通 2 号"具备条斑紫菜养殖良种性状，适合在条斑紫菜主产区推广应用。

3. 品种特性

（1）形态学特征　条斑紫菜"苏通 2 号"具典型条斑紫菜藻体特征，藻体边缘属全缘，基部大多数呈楔形；成熟期具雌雄相间条纹状的生殖细胞，但生殖细胞形成较少；藻体由单层细胞构成，厚度盛期为（22.0±1.7）微米，末期为（31.0±4.4）微米；藻体呈紫褐色，色深具光泽，栽培藻体长度均一，一般在 24～36 厘米（彩图 91）。

（2）细胞学特征　叶状体细胞为单倍体，染色体数 $n=3$；丝状体细胞为二倍体，染色体数 $2n=6$。

（3）分子遗传学特征　ISSR 标记技术表明，用引物 826（序列：ACACACACACACACACC）进行扩增，与条斑紫菜野生种质叶状体相比，"苏通 2 号"叶状体在 1 400bp 处多含 1 条稳定的特异性标记谱带。用引物 827（序列：ACACACACACACACACG）进行扩增，与"苏通 1 号"叶状体相比，"苏通 2 号"叶状体在 1 900bp 处少 1 条稳定的特异性标记谱带。

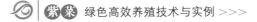

（4）种苗培育　"苏通2号"种苗丝状体生长发育较易调控，壳孢子苗帘产出达到每平方米贝壳180米²网帘的生产水平，无性繁殖形成单孢子性状明显，易形成合理的幼苗种群结构，优质苗帘育成率高。

（5）产量　"苏通2号"比野生品系增产17.90%～31.43%，比传统栽培品系增产10.25%～12.56%，显示出高产、稳产的养殖特点。与"苏通1号"相比产量略低，但在温度较低的生产年份，高产性状显著优于"苏通1号"。

（6）主要成分品质指标　原藻加工产品色泽优良，游离氨基酸25.58毫克/克，可溶性蛋白质47.86毫克/克，藻胆蛋白0.19毫克/克，总脂肪酸12.49毫克/克，不饱和脂肪酸9.24毫克/克。

第七章 条斑紫菜养殖技术

一、种苗培育

（一）育苗设施

条斑紫菜种苗培育通常选择在无污染，交通便利，取海水、淡水方便的沿海地区。在陆地建造专用的育苗室进行育苗。培育设施包括海水沉淀池、育苗室、育苗池、进排水系统和供电、温控系统等（彩图 92 至彩图 95）。育苗室通常规模以每 180 米² 紫菜养殖网帘配备 0.8～1.0 米²的育苗面积建造。以东西走向为宜，屋顶采用隔热保温材料。育苗室侧窗面积占四周墙面积的 1/3，天窗面积占培养池面积的 1/4～1/3。天窗和侧窗内侧安装可分开控制的白布和黑布窗帘。育苗池深 0.3～0.35 米，面积 50～100 米²，池底坡度 0.1%～0.2%。

育苗室排水系统的进排水管宜用聚乙烯（PE）或聚氯乙烯（PVC）管，海水进水管直径 80～110 毫米，淡水管直径 50～80 毫米，排水管直径 80～120 毫米。在育苗池坡度低的一端设 0.5 米×0.5 米×0.3 米排水凹井，便于排水及放置水泵。相邻池可用管道连通（彩图 93）。

海水沉淀池为有顶或加盖的黑暗池，储水量为所有育苗池一次用水量的 3～5 倍，需分隔（彩图 94）。

（二）果孢子采苗

条斑紫菜果孢子萌发适宜的水温为 15～20℃，丝状体种苗培育的果孢子采苗时间应以自然水温来确定。以我国条斑紫菜主产地江苏省沿海来说，4月中旬至5月上旬为果孢子采苗适宜时间。

条斑紫菜丝状体培育通常采用平养方式，即在育苗池中整齐平铺排放附着基质贝壳。附着基质可用文蛤壳、牡蛎壳或珍珠蚌壳等。应选择新鲜的贝壳，洗刷干净，并用1%～2%漂白粉液浸泡消毒后晾干备用（彩图96）。

接种至贝壳的种子有2个来源，通过采集种藻收集成熟果孢子或自由丝状体（彩图97）。育苗用海水需黑暗沉淀7天以上，相对密度为1.016～1.022，pH为8.0～8.3。

首先将预先洗净的贝壳呈鱼鳞状排放在育苗池。采苗前1天加入深10～15厘米海水。采苗时将新鲜种藻（需阴干一下，以促使果孢子放散）或冷冻的种藻（可直接使用）放入盛有海水的容器中，搅动促使果孢子放散。搅动1～2小时后取出种藻，用80～120目筛绢过滤，取样并计算果孢子液浓度。选用的自由丝状体接种至贝壳，需用食品粉碎机将自由丝状体切割至200～300微米，计算丝状体藻丝浓度。在适宜的采苗时间，果孢子或丝状体投放密度以100～300个/厘米^{2}为宜。按照预计的投放密度，计算每平方米的投放量，用喷壶将果孢子（自由丝状体）液均匀洒在已排好的贝壳上。投放后3天内，拉上窗帘，保持育苗室弱光和池水静止，利于果孢子或自由丝状体钻孔（彩图98）。

（三）丝状体培育及管理

育苗期间的管理工作主要是每天巡查，详细记录温度、光照、洗刷与换水、施肥、贝壳丝状体生长与发育等情况。

1. 温度

果孢子萌发的适宜温度为15～20℃；丝状藻丝生长、孢子囊枝形成与生长适宜温度为20～25℃；壳孢子囊形成及放散的适宜温度为18～24℃。

2. 光照

培养期间应避免强光和直射光。丝状藻丝生长光照度以3 000勒克斯为宜，孢子囊枝形成、生长及壳孢子囊形成光照度以1 500

勒克斯为宜，或肉眼观察壳面，12～15 天出现硅藻为合适。

3. 洗刷与换水

采苗后每隔 15～20 天洗刷换水 1 次。洗刷前用淡水浸泡贝壳 24 小时，洗刷时避免贝壳干露和损坏。

4. 施肥

当壳面出现藻落时施半肥，藻丝布满壳面时改施全肥。

5. 贝壳丝状体生长与发育

自果孢子采苗后，随着贝壳丝状体生长发育，贝壳表面由白色逐渐转变为藻落布满的紫黑色，以条斑紫菜主产区育苗室培育情况为例，介绍各生长期肉眼、显微镜及溶壳观察情况，见彩图 99 至彩图 101。

（四）病害防治

在丝状体培育中，若做到培养海水经严格的黑暗沉淀处理，培养室保持通风，一般较少发生病害。常见病害可以分为 3 类：第 1 类，由病菌引起的，如泥红病、黄斑病、白斑病（彩图 102），发病较快，具传染性，造成的危害大；第 2 类，培养条件不适造成的病症，一般不呈现传染性，危害较轻，拟泥红病属于此类；第 3 类，如白雾病，似乎与贝壳质量有关。对于黄斑病、泥红病这类危害较重的病害，通过定期施用 1～2 毫克/升二氧化氯，易发病期加强夜间开窗通风等措施，预防效果较好。一旦发生这类病症，应及时排掉池水，加入淡水处理 1～2 天，对培养池进行消毒处理，停止施肥，并在培养海水中按 1～2 毫克/升施用二氧化氯，可在短时间内控制病害的发展。

（五）壳孢子采苗

条斑紫菜壳孢子采苗的季节为秋季，具体的时间由养殖海区表层水温所决定。我国条斑紫菜主产区的水温每年略有不同，表层水温降至 20℃ 左右通常出现在 9 月下旬，因此 9 月下旬为条斑紫菜壳孢子采苗适宜时间。

条斑紫菜壳孢子采苗季节到来前 15 天，需对培育的贝壳丝状体做溶壳检查（彩图 103），了解丝状体成熟度，根据成熟情况安排确定壳孢子采苗时间。采苗前 3～5 天，每天做壳孢子放散量检查（彩图 104），当贝壳出现平均 5 万～10 万级的壳孢子放散量时，即可开始采苗。

条斑紫菜生产上的贝壳丝状体育苗池即为壳孢子采苗池。采苗之前，需对育苗室的光线进行调整，一般要求光照度在 3 000 勒克斯以上，在避免直射光的前提下，尽可能加大光照度，以便于壳孢子的附着萌发（彩图 105）。

壳孢子附苗密度检查即了解采苗池中网帘壳孢子的附着密度（彩图 106）。目前，检查时采用较多的是维尼纶散头法，以维尼纶单纱为例，一般认为平均每厘米单丝上有 50～100 个附着萌发的壳孢子为宜。也有采用网绳法的，直接剪取网线检查，附苗以显微镜视野（10×10）有 5～10 个为宜。附苗密度的设定会因天气、海况、采苗时间以及养殖海区的不同有异。

条斑紫菜壳孢子放散的高峰通常是 8：00—10：00，检查要及时，达到生产预定的附苗量，网帘及时出池，安排下一批网帘。苗网运输采用车、船均可，途中要注意保湿，以避免苗网失水（彩图 107）。

二、条斑紫菜的海上养殖

（一）海区选择

自然界的紫菜分布在小潮干线附近至小潮满线略偏下的地方，固着在潮间带岩礁上，吸收海水中氮、磷、碳等营养元素生长。海区的环境条件与紫菜的产量和质量有着密切的关系，因此选用养殖海区需进行周密的调查或先进行试栽后再做比较。

适合条斑紫菜养殖生产的海区：海水相对密度为 1.016～1.022，含氮总量为 200 毫克/米³以上，海水流速为 30～50 厘米/秒，化学需氧量低于 3 克/米³。在实际生产中，养殖海区情况要复杂得多。判断一个海区是否可以开展紫菜养殖，不能单看其中某个条件的指标和含量，要根据水流及其他因素综合加以评估。对紫菜生长来说，肥沃海区紫菜生长快、菜质好；贫瘠海区紫菜生长往往表现为藻体光泽差、生长慢。在人工养殖条件下，养殖密度增加，养殖海区海水的流动是制约紫菜生长的重要因素，因为水流能改变藻体周围的水体，带走藻体产生的废物及阻止泥沙在藻体表面沉积等，是紫菜不断获得营养物质、改善周围环境条件的重要保证。因此，水流速度对藻类营养吸收和生长十分重要，是养殖海区选择的重要条件之一。

（二）养殖方式

紫菜养殖设施主要由筏架和网帘组成。目前，我国条斑紫菜养殖有半浮动筏式、支柱式和全浮动筏式 3 种方式。通常情况下，按照半浮动筏式及支柱式选择养殖海区时，需求大汛平均干出时间为1.5～5 小时，底质为沙质、泥沙质或泥质的滩涂。而海湾岩基岸线的沿海潮间带狭窄，且退潮不能干出的海区则适合全浮动筏式养殖。

1. 半浮动筏式

半浮动筏式是目前我国条斑紫菜采用较多的紫菜养殖方式。养殖筏架设在潮间带的一定潮位，筏架结构由浮动筏、浮缆、橛缆、橛等组成（彩图 108）。

2. 支柱式

支柱式养殖适合港湾或不能干出的海区。在适当的潮间带滩涂上安设成排的木桩、竹桩等各种材质的撑竿作为支柱，将网帘按水平方向张挂到支柱上，进行养殖生产（彩图 109）。

3. 全浮动筏式

全浮动筏式养殖模式生产场景如彩图 110 所示。该养殖方式适合在退潮后不干露的海区。由于这一养殖方式网帘不易干露，生产中必须采用冷藏网换网生产才能保证产量与质量。

目前，潮下带养殖生产多采用全浮翻板式养殖模式。这一模式摆脱了潮汐和水深的限制，可依据天气和藻体状态自主安排晒网时间。晒网操作与支柱式相比操作更简便，只需在每排筏架的中间位置简单操作就可将整排筏架翻转过来（彩图 111）。

（三）养殖管理

1. 苗期管理

海区养殖生产中从壳孢子网帘下海到出现肉眼可见的幼苗，这一时期为条斑紫菜的出苗期。在半浮动筏式养殖条件下，由壳孢子长至 1～3 厘米小苗需 30～45 天。养殖生产中出苗期是重要的生产环节，苗出的好坏关系到整个养殖期的产量与质量。出苗的海区与成菜生长海区有差别，大潮时 4～5 小时的干出时间是出苗较合适的潮位。

苗网下海后，网上的浮泥杂藻生长很快，需要及时处理。适时用水泵冲洗及晒网是有效的防范措施。近年来，随着养殖规模的扩大，通常是晒网和进库冷藏处理结合在一起，待海况改善后再下海继续养殖（彩图 112、彩图 113）。

2. 冷藏网技术的应用

研究显示，紫菜幼苗有很强的耐冻性，从壳孢子萌发时的数个细胞到数厘米的苗株，均能进行冷冻保存。目前，我国条斑紫菜出苗期培育期间受气温、海况、杂藻和病害影响较大。当海区出现不利于培苗的情况时，将苗网及时进库冷藏，来规避海区不良生长环境，或控制杂藻的影响，或控制苗量使养殖网上形成合理的苗群结构及控制病害发生。因此，与日本的冷藏网应用目的不同，我国应用冷藏网的目的是规避海区不良环境对苗期培育的影响。目前，冷藏网技术措施从根本上改进了我国条斑紫菜苗期管理技术，有效地防止了环境因素对紫菜养殖的影响，使紫菜生产稳定、产品质量提高。冷藏网技术在我国条斑紫菜主产区发展十分迅速，已成为半浮动筏式养殖苗网培育期不可缺少的管理环节和重要技术措施。冷藏网操作流程见彩图 114。

3. 采收

条斑紫菜一般长至 15～20 厘米时即可采收。目前，我国条斑紫菜生产已告别了人工采收，不同的养殖生产方式均有与其相适应的采收机械，全面进入机械采收的作业阶段（彩图 115）。

4. 叶状体病害及防治

根据国内外研究报道，可以确定的病害有近 10 种，分两类：一类是由寄生性微生物引起的，如壶菌病、赤腐病、丝状细菌症、缩曲症、孔洞症、绿烂病等，作为预防措施，应选择无污染海区，对养殖海区进行合理布局，防止过度密植，出苗期要加强干出管理，苗网适时进库冷藏；另一类与养殖环境有关，应属于生理性病害，如色落症等，主要发生在贫瘠、高盐海区，在天气晴朗、光照度大、小汛、无风浪，且气温回升时最易发生这种病害。病害发生除了天气因素外，往往与密植及海区条件（特别是海流）直接相关，应从这些因素着手改善防范。

三、加工与销售

（一）原藻加工

将采摘的新鲜条斑紫菜叶状体制成干紫菜的过程为紫菜原藻加工，又称一次加工。目前，我国条斑紫菜原藻加工均为全自动机械加工。紫菜原藻加工有其相应的加工工艺要求和加工操作执行的相关标准，其工序包括原藻运输及存放（彩图 116）、洗菜、切菜、浇饼与脱水、烘干、剥菜（彩图 117）、分级、再干和包装储存（彩图 118）等。

（二）紫菜贸易

条斑紫菜原藻加工都采用全自动机组，自动化程度高。干紫菜制品采用国际标准（国际紫菜贸易标准规格，每枚紫菜制品尺寸为29 厘米×31 厘米，重量 3 克/枚），产品均一规范，质量稳定。

条斑紫菜干紫菜一般不直接进入消费市场销售，而是按照国际市场化经营方式运作，在专门的紫菜交易市场通过招投标竞争方式进行规范化交易。目前，我国江苏省紫菜协会在条斑紫菜主产地分别建有 6 个紫菜交易市场，这些市场实际是国际化的干紫菜交易平台，每年根据协会预先公布的交易日程公告，中外客商可直接去对应的交易会投标采购干紫菜（彩图 119）。因此，条斑紫菜生产制品贸易是其产业链中的一个重要环节，也是条斑紫菜产业的重要特色。

（三）紫菜食品加工

紫菜食品加工也就是通常从业者所说的二次加工，即以条斑紫菜原藻加工成的干紫菜为原料，通过专用的紫菜食品加工设备，按商品销售要求，分别加工成为烤菜、调味紫菜等最终产品（彩图 120）。加工过程将紫菜的颜色、光泽、风味成分等都较好地保存下来，使人们能够充分享受紫菜的独特风味。

条斑紫菜产品十分丰富，有做寿司、包饭团的烤紫菜，有作为休闲食品的各种口味的调味紫菜、紫菜卷、紫菜酥、紫菜条、紫菜糕点，还有作为调料的紫菜酱、紫菜汤料、紫菜饮料、紫菜茶，以及保健产品紫菜胶囊、片剂等（彩图 121）。随着人们生活水平及对食品营养结构认识的提高，紫菜作为一种营养丰富的天然海洋健康食品，对提高我国民众的健康和生活质量具有深远意义。

第八章
条斑紫菜绿色高效养殖实例

一、养殖实例

南通华莹海苔食品有限公司位于江苏省海门市东灶港，该公司是集条斑紫菜种苗培育、海区养殖和紫菜制品加工于一体的专业紫菜经营企业。公司有紫菜种苗培育室 1 000 米²，海区养殖面积1 000～1 300 亩，以半浮动筏式生产。该公司生产管理规范，加工制品优良。现对 2016—2018 年该公司在种苗培育、海区养殖及加工生产情况予以介绍。

（一）种苗培育

公司拥有紫菜种苗培育室 1 000 米²。每年度种苗培育均为1 000米²，每平方米贝壳采苗效率分别为 2016 年 1.7 亩、2017 年1.73 亩、2018 年 1.65 亩（表 8-1），均超过条斑紫菜种苗培育平均每平方米贝壳 1 亩的生产水平。

表 8-1　2016—2018 年度南通华莹海苔食品有限公司
条斑紫菜壳孢子采苗及出苗情况统计表

年度	育苗面积（米²）	采苗面积（亩）	采苗效率（亩/米²）
2016	1 000	1 700	1.70
2017	1 000	1 730	1.73
2018	1 000	1 652	1.65

（二）养殖生产

条斑紫菜原藻产品的交易采用国际紫菜贸易通用的模式，所以养殖原藻采收后的加工均采用紫菜全自动加工机加工，加工制品为国际贸易通用的干紫菜，规格近似方形，1 枚 3 克，1 包 100 枚，1 箱 4 200 枚。条斑紫菜养殖产量的高低体现在生产干紫菜箱数和养殖面积的比值上，原藻质量的差别则体现在每百枚干紫菜的销售价格上。

2016 年，养殖面积为 1 250 亩，生产季节共收获加工 2 457 箱紫菜制品（表 8-2），平均 1.97 箱/亩。2016 年，为条斑紫菜减产年，根据江苏省紫菜协会统计显示，全省亩产为 1.4 箱（表 8-3），而南通华莹海苔食品有限公司这一生产年度产量稳定，较全省平均产量提高了 40.71%。同时，该公司当年紫菜销售总平均价格为每百枚 69.45 元，比当地启东交易市场平均价格提高了 2.90%，较全省平均价格提高了 0.77%，不仅是产量，更是从质量上提高了经济效益。

2017 年，养殖面积为 1 050 亩，生产季节共收获加工 4 235 箱紫菜制品（表 8-2），平均 4.03 箱/亩。根据 2017 年江苏省紫菜协会的统计，全省平均亩产为 2.40 箱（表 8-3），南通华莹海苔食品有限公司这一生产年度产量比全省平均亩产提高了 67.92%。公司当年紫菜销售总平均价格为每百枚 35.75 元，比当地启东交易市场平均价格提高了 6.15%，较全省平均价格提高了 4.26%，同样从产量和质量 2 个方面稳定地提高了经济效益。

2018 年，养殖面积为 850 亩，生产季节共收获加工 2 040 箱紫菜制品（表 8-2），平均 2.40 箱/亩。2018 年，江苏省紫菜协会统计显示，全省亩产为 1.40 箱（表 8-3），南通华莹海苔食品有限公司这一生产年度产量比全省平均亩产提高了 71.43%。公司当年紫菜销售总平均价格为每百枚 44.68 元，比当地启东交易市场平均价格提高了 3.19%，较全省平均价格提高了 1.73%，再一次从产量和质量 2 个方面稳定地提高了经济效益。

表 8-2　2016—2018 年南通华莹海苔食品有限公司紫菜交易统计

生产年度	总箱数	平均亩产（箱）	平均价格（每百枚，元）	启东交易市场平均价格（每百枚，元）
2016 年	2 457	1.97	69.45	67.49
2017 年	4 235	4.03	35.75	3.68
2018 年	2 040	2.40	4.68	43.30

表 8-3　2016—2018 年江苏省紫菜协会紫菜交易统计情况

生产年度	栽培面积（亩）	生产制品（万枚）	平均亩产（箱）	平均价格（每百枚，元）
2016 年	550 000	327 600	1.40	68.92
2017 年	650 000	650 000	2.40	34.29
2018 年	700 000	412 400	1.40	43.92

二、经验和心得

　　紫菜养殖首先要选择适合当地海域的品种进行生产，不同的海域条件不同，适宜的紫菜种质也不同，要进行合理筛选与搭配。同时，根据不同的种质特点，种苗培育技术和养殖技术都有相应的细节调整。不论是何种养殖模式，养殖管理中紫菜的干出与除杂藻是较为关键的部分，决定了养殖效果。

参 考 文 献

曹荣，刘楠，王联珠，等，2019. 不同采收期坛紫菜的风味比较 [J]. 上海
　　海洋大学学报，28（5）：811-817.

陈昌生，纪德华，王秋红，等，2005. 坛紫菜丝状体种质保存技术的研究
　　[J]. 水产学报，29（6）：745-750.

陈昌生，纪德华，姚惠，等，2004. 不同品系坛紫菜自由丝状体在异常条
　　件下生长发育的比较 [J]. 台湾海峡，23（4）：489-495.

陈昌生，翁琳，纪德华，等，2007a. 冷藏保护剂对坛紫菜幼苗冷藏效果的
　　影响 [J]. 中国水产科学，14（3）：450-456.

陈昌生，翁琳，汪磊，等，2007b. 干出和冷藏对坛紫菜及杂藻存活与生长
　　的影响 [J]. 海洋学报（中文版），29（2）：131-136.

陈昌生，徐燕，纪德华，等，2007c. 坛紫菜品系间杂交藻体选育及经济性
　　状的初步研究 [J]. 水产学报，31（1）：97-104.

陈昌生，徐燕，谢潮添，等，2008. 坛紫菜诱变育种的初步研究 [J]. 水产
　　学报，32（3）：327-334.

陈高峰，饶道专，2013. 坛紫菜机械化收割技术应用 [J]. 水产养殖，34
　　（6）：37-38.

陈胜军，于娇，胡晓，等，2020. 汕头地区不同采收期坛紫菜营养成分分
　　析与评价 [J]. 核农学报，34（3）：539-546.

戴继勋，2000. 用细胞工程技术发展我国的紫菜养殖业 [J]. 生物工程进
　　展，20（6）：3-8.

戴继勋，方宗熙，1985. 甘紫菜的染色体观察 [J]. 武汉植物学研究，3
　　（4）：471-473.

丁洪昌，严兴洪，2019. 紫菜遗传育种研究进展 [J]. 中国水产科学，26
　　（3）：592-603.

何培民，秦松，严小军，等，2007. 海藻生物技术及其应用 [M]. 北京：
　　化学工业出版社.

纪德华，谢潮添，史修周，等，2011. 福建沿海野生坛紫菜主要品质性状

分析 [J]. 集美大学学报（自然科学版），16（6）：401-406.

李秉钧，石媛媛，杨官品，2008. 紫菜育种的困难与对策分析 [J]. 海洋科学，32（7）：85-87.

李琳，严兴洪，2013. 细胞骨架和粘性多糖对坛紫菜壳孢子极性形成的影响 [J]. 水产学报，37（11）：1663-1669.

李世英，郑宝福，费修绠，1992. 坛紫菜北移研究 [J]. 海洋与湖沼，23（3）：297-301.

李伟新，朱仲嘉，刘凤贤，1982. 海藻学概论 [M]. 上海：上海科学技术出版社.

林汝榕，邢炳鹏，柯秀蓉，等，2014. 坛紫菜（*Porphyra haitanensis*）丝状藻体生长增殖的优化调控培养条件研究 [J]. 应用海洋学学报，33（2）：275-283.

林晓明，2014. 福鼎敏灶湾 2012 年坛紫菜烂菜原因初探 [J]. 福建水产（3）：227-233.

刘必谦，曾庆国，骆其君，等，2004. 坛紫菜体细胞单克隆叶状体途径及海养殖 [J]. 水产学报，28（4）：407-412.

刘瑞棠，2011. 福建坛紫菜养殖烂苗原因分析与几项预防措施 [J]. 现代渔业信息，26（4）：18-23.

刘孙俊，2003. 提高坛紫菜壳孢子附着率的技术措施 [J]. 海水养殖，3：59-60.

刘一萌，马家海，文茜，2013. 福建坛紫菜赤腐病的病程及病原鉴定 [J]. 福建农林大学学报，42（1）：18-22.

骆其君，龚小敏，2004. 潮间带坛紫菜的半浮动筏式育苗试验 [J]. 水产科学，23（10）：16-17.

任国忠，曾呈奎，崔广法，等，1978. 温度对条斑紫菜丝状体生长发育的影响 [J]. 海洋科学，10（2）：28-38.

孙爱淑，曾呈奎，1987a. 紫菜属（*Porphyra*）的细胞学研究——丝状体阶段的核分裂 [J]. 科学通报，32（9）：707-710.

孙爱淑，曾呈奎，1987b. 紫菜属的细胞学研究——膨大细胞和壳孢子萌发核分裂的观察 [J]. 海洋与湖沼，18（4）：328-332.

孙霖清，李琳，刘长军，等，2012. 坛紫菜自由丝状体移植育苗的初步研究 [J]. 上海海洋大学学报，21（5）：710-714.

王奇欣，2005. 福建省坛紫菜加工产业化发展思路 [J]. 福建水产，2：

71-73.

王素娟，裴鲁青，段德麟，2004. 中国常见红藻超微结构［M］. 宁波：宁波出版社.

王素娟，孙云龙，路安明，等，1987. 坛紫菜营养细胞和原生质体培养研究Ⅱ. 直接育苗下海养殖的实验研究［J］. 海洋科学，1（1）：1-9.

徐燕，陈昌生，谢潮添，等，2008. 坛紫菜杂交品系优势的初步评价［J］. 渔业科学进展，29（1）：62-69.

徐燕，谢潮添，纪德华，等，2007. 坛紫菜品系间杂交分离色素突变体及其特性的初步研究［J］. 中国水产科学，14（3）：466-472.

许璞，张学成，王素娟，等，2013. 中国主要经济海藻繁育与发育［M］. 北京：中国农业出版社.

严小军，骆其君，杨锐，等，2011. 浙江海藻产业发展与研究纵览［M］. 北京：海洋出版社.

严兴洪，何亮华，黄健，等，2008. 坛紫菜的细胞学观察［J］. 水产学报，32（1）：131-137.

严兴洪，李琳，陈俊华，2007. 坛紫菜的单性生殖与遗传纯系分离［J］. 高技术通讯，17（2）：205-210.

严兴洪，李琳，贺佑胜，2006. 坛紫菜减数分裂位置的杂交试验分析［J］. 水产学报，30（1）：1-8.

严兴洪，梁志强，宋武林，等，2005. 坛紫菜人工色素突变体的诱变与分离［J］. 水产学报，29（2）：166-172.

严兴洪，刘旭升，2007. 坛紫菜雌雄叶状体的细胞分化比较［J］. 水产学报，31（2）：184-192.

严兴洪，张饮江，王志勇，1990. 坛紫菜体细胞的连续克隆培养和悬滴培养［J］. 水产学报，14（4）：336-340.

杨锐，徐红霞，徐丽宁，2006. 坛紫菜体细胞的几种发育途径［J］. 海洋湖沼通报（3）：60-66.

曾呈奎，张德瑞，1954. 紫菜的研究Ⅰ. 甘紫菜的生活史［J］. 植物学报，3（3）：287-302.

曾呈奎，张德瑞，1955. 紫菜的研究Ⅱ. 甘紫菜的丝状体阶段及其壳孢子［J］. 植物学报，4（1）：27-46.

张学成，马家海，秦松，等，2005. 海藻遗传学［M］. 北京：中国农业出版社.

张源，严兴洪，2013. 自然条件下的坛紫菜四分体发育与性别表型观察

［J］. 水产学报，37（6）：871-883.

周伟，朱建一，沈颂东，等，2008. 紫菜丝状体阶段核分裂特征观察［J］.
海洋水产研究，1：51-61.

朱建一，严兴洪，丁兰平，等，2016. 中国紫菜原色图集［M］. 北京：中
国农业出版社.

ARUGA Y，1974. Color of the cultivated Porphyra［J］. Our Nori Research，
23：1-14.

BLOUIN N A，BRODIE J A，GROSSMA A C，et al.，2011. *Porphyra*：a
marine crop shaped by stress［J］. Trends in Plant Science，16（1）：
29-37.

BURZYCKI G M，WAALAND J R，1987. On the position of meiosis in the
life history of *Porphyra torta*（Rhodophyta）［J］. Botanica Marina，30：
5-10.

CONWAY E，COLE K，1973. Observations on an unusual form of repro-
duction in *Porphyra*（Rhodophyceae，Bangiales）［J］. Phycologia，12：
213-225.

DREW K M，1949. Conchocelis-phase in the life-history of *Porphyra umbil-
icalis*（L.）Kutz［J］. Nature，164：748-749.

DREW K M，1956. Reproduction in the Bangiophycidae［J］. Botanical Re-
view，22（8）：553-611.

FRESHWATER D W，KAPRAUN D F，1986. Field，culture and
cytological studies of *Porphyra carolinensis* Coll et Cox（Bangiales，Rho-
dophyta）from North Carolina［J］. Journal of Phycology，34：251-262.

HAWKES M W，1977. A field，culture and cytological study of *Porphyra
gardneri*（Smith and Hollenberg）comb. nov.（*Porphyrella gardneri* Smith
& Hollenberg）（Bangiales，Rhodophyta）［J］. Phycologia，16：457-469.

IDENHAWKES M W，1978. Sexual reproduction in *Porphyra gardneri*
（Smith et Hollenberg）Hawkes（Bangiales，Rhodophyta）［J］. Phycolo-
gia，17（3）：329-353.

KAPRAUN D F，FRESHWATER D W，1987. Karyological studies of five
species of *Porphyra*（Bangiales，Rhodophyta）from the North Atlantic
and Mediterranean［J］. Phycologia，26：82-87.

MIURA A，1976. Genetic studies of cultivated *Porphyra*（Nori）improvement [J]. Scientia Marina, 8: 15-21.

MIURA A, KUNIFUJI Y, 1980. Genetic analysis of the pigmentation types in the seaweed Susabi-nori (*Porphyra yezoensis*) [J]. Iden, 34 (9): 14-20.

MUMFORD J, COLE K, 1977. Chromosome numbers for fifteen species in the genus *Porphyra* (Bangiales, Rhodophyta) from the west coast of North America [J]. Phycologia, 16: 373-377.

NELOSN W A, BRODIE J, GUIRY M D, 1999. Terminology used to describe reproduction and life history stages in the genus *Porphyra* (Bangiales, Rhodophyta) [J]. Journal of Applied Phycology, 11: 407-410.

OHME M, KUNIFUJI Y, MIURA A, 1986. Cross experiments of color mutants in *Porphyra yezoensis* Ueda [J]. Journal of Phycology, 34: 101-106.

OHME M, MIURA A, 1988. Tetrad analysis in conchospore germlings of *Porphyra yezoensis* (Rhodophyta, Bangiales) [J]. Plant Science, 57: 135-140.

SAHOO D, TANG X R, YARISH C, 2002. *Porphyra*-the economic seaweed as a new experimental system [J]. Current Science, 83 (11): 1313-1316.

SHIN J A, MIURA A, 1990. Estimation of the degree of self-fertilization in *Porphyra yezoensis* (Bangiales, Rhodophyta) [J]. Hydrobiologia, 204/205: 397-400.

SUTHERLAND J, LINDSTROM S, NELSON W, et al., 2011. A new look at an ancient order: generic revision of the Bangiales (Rhodophyta) (1) [J]. Journal of Phycology, 47 (5): 1131-1151.

TAKAHASHI M, MIKAMI K, 2017. Oxidative stress promotes asexual reproduction and apogamy in the red seaweed *Pyropia yezoensis* [J]. Frontiers Plant Science, 8: 62.

TSENG C K, SUN A, 1989. Studies on the alternation of the nuclear phases and chromosome numbers in the life history some species of *Porphyra* from China [J]. Botanica Marina, 32: 1-8.

UJI T, MATSUDA R, TAKECHI K, et al., 2016. Ethylene regulation of sexual reproduction in the marine red alga *Pyropia yezoensis*, Rhodophyta

[J]. Journal of Applied Phycology, 28: 3501-3509.

WANG J, DAI J X, ZHANG Y T, 2006. Nuclear division of the vegetative cells, conchosporangial cells and conchospores of *Porphyra yezoensis* (Bangiales, Rhodophyta) [J]. Phycological Research, 54: 204-210.

WANG J F, XU P, ZHU J Y, et al., 2008. The characterization of color mutations in *Bangiaceae* (Bangiales, Rhodophyta) [J]. Journal of Applied Phycology, 20: 499-504.

WANG Y, XU K, WANG W, et al., 2019. Physiological differences in photosynthetic inorganic carbon utilization between gametophytes and sporophytes of the economically important red algae *Pyropia haitanensis* [J]. Algal Research, 39: 101436.

XU K, CHEN H, WANG W, et al., 2017. Responses of photosynthesis and CO_2 concentrating mechanisms of marine crop *Pyropia haitanensis* thalli to large pH variations at different time scales [J]. Algal Research, 28: 200-210.

XU P, SHEN S D, FEI X G, et al., 2002. Induction effect and genetic analysis of NG to conchospores of *Porphyra* [J]. Marine Science Bulletin, 4 (2): 68-75.

YAN X H, ARUGA Y, 1997. Induction of pigmentation mutants by treatment of monospore germling with NNG in *Porphyra yezoensis* Ueda (Bangiales, Rhodophyta) [J]. Algae, 12: 39-54.

YAN X H, LI L, ARUGA Y, 2005. Genetic analysis of the position of meiosis in *Porphyra haitanensis* Chang et Zheng (Bangiales, Rhodophyta) [J]. Journal of Applied Phycology, 17 (6): 467-473.

ZHANG Y, YAN X H, ARUGA Y, 2013. The sex and sex determination in *Pyropia haitanensis* (Bangiales, Rhodophyta) [J]. PloS One, 8 (8): e73414.

ZHENG B F, 1984. Studies on the morphology of conchocelis of *Porphyra katada*i var. *hemiphylla* and related species [J]. Hydrobiologia, 116/117: 209-212.

ZHOU W, ZHU J Y, SHEN S D, et al., 2008. Observations on the division characterization of diploid nuclear in *Porphyra* (Bangiales, Rhodophyta) [J]. Journal of Applied Phycology, 20: 991-999.

图书在版编目（CIP）数据

紫菜绿色高效养殖技术与实例/农业农村部渔业渔政管理局组编；谢潮添，陆勤勤主编 . —北京：中国农业出版社，2022.11
（水产养殖业绿色发展技术丛书）
ISBN 978-7-109-28487-6

Ⅰ．①紫… Ⅱ．①农… ②谢… ③陆… Ⅲ．①紫菜—海水养殖 Ⅳ．①S968.43

中国版本图书馆 CIP 数据核字（2021）第 134691 号

中国农业出版社出版
地址：北京市朝阳区麦子店街 18 号楼
邮编：100125
责任编辑：王金环　　文字编辑：耿韶磊
版式设计：王　晨　　责任校对：周丽芳
印刷：北京通州皇家印刷厂
版次：2022 年 11 月第 1 版
印次：2022 年 11 月北京第 1 次印刷
发行：新华书店北京发行所
开本：880mm×1230mm　1/32
印张：5.75　　插页：23
字数：180 千字
定价：58.00 元

彩图1 岩礁上生长的野生坛紫菜

彩图2 坛紫菜汤料食品

彩图3 坛紫菜即食休闲食品

彩图4 坛紫菜海区规模化养殖

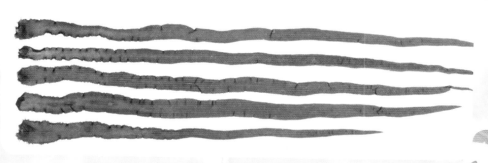

彩图5 坛紫菜叶状体

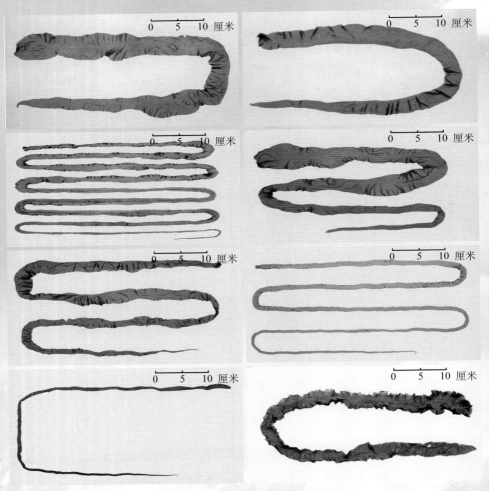

彩图6　不同色泽的坛紫菜藻体

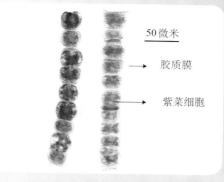

50 微米

→ 胶质膜

→ 紫菜细胞

彩图7　坛紫菜叶状体切面观。
左右切片分别为第1次和第2次剪收的藻体

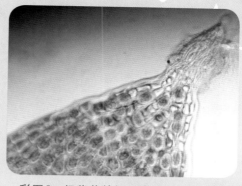

彩图8　坛紫菜基部细胞的根丝聚集成固
着器

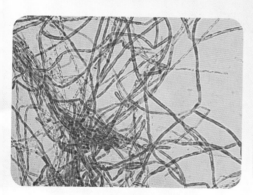

彩图9　坛紫菜丝状藻丝

彩图10　坛紫菜贝壳丝状体藻落

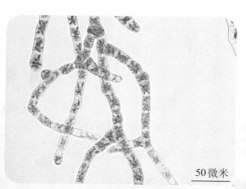

50 微米

彩图11　坛紫菜孢子囊枝

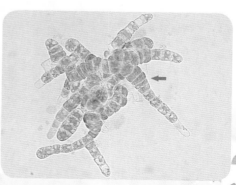

彩图12　坛紫菜壳孢子囊枝（箭头示）

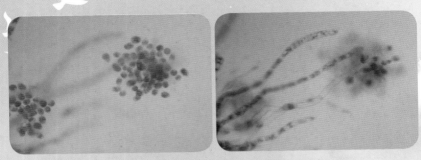

彩图13　刚逸出的壳孢子和孢子囊枝空管

彩图14　坛紫菜雄性藻体边缘的精子囊器（箭头所示乳白/乳黄色区域）

彩图15　坛紫菜雌性藻体边缘的果孢子囊区（箭头所示红褐色区域）

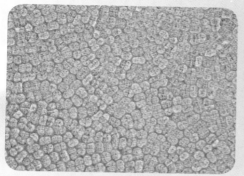

彩图16　精子囊器的表面观

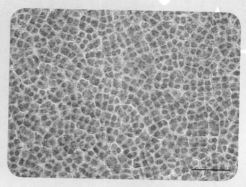

彩图17　果孢子囊的表面观

①表面洗净和消毒

②除去盐分

③切碎藻体

④加入细胞壁降解酶

⑤恒温振荡培养

⑥细胞过滤和洗涤

⑦收集原生质体

⑧再生培养

彩图18　坛紫菜体细胞再生培养的工艺流程

彩图19　坛紫菜因营养盐缺乏导致发生绿变病

彩图20 白布遮光降低育苗室光照度

彩图21 黑布遮盖育苗池缩短光照时间

彩图22 坛紫菜自由丝状体

彩图23 育苗基质
牡蛎壳（左）、文蛤壳（中）和扇贝壳（右）

彩图24 冷冻保存的种藻

彩图25 放散池中的果孢子液

彩图 26　紫菜脱水机

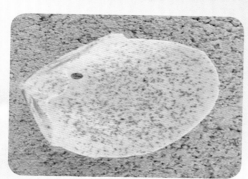

彩图 27　坛紫菜贝壳丝状体
丝状体萌发形成的红色藻点（左）和丝状体在贝壳表层的蔓延生长（右）

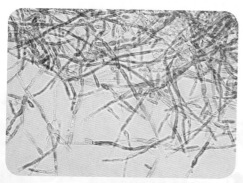

彩图 28　显微镜下的坛紫菜自由丝状体

彩图 29　室内大量培养自由丝状体

自由丝状体批量扩繁　　　**自由丝状体粉碎**　　　**自由丝状体藻液**

自由丝状体附着并萌发　　　**遮光**　　　**喷洒到贝壳内面**

彩图30　坛紫菜自由丝状体的采苗流程

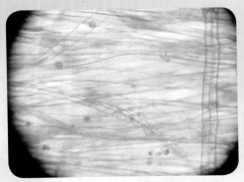 

彩图31　坛紫菜附苗密度检查　　　彩图32　菜坛养殖法培养的坛紫菜

彩图33　泼石灰水或低浓度福尔马林溶液清坛

彩图34　坛紫菜支柱式养殖

彩图35　坛紫菜半浮动筏式养殖

彩图36　坛紫菜全浮动筏式养殖

彩图37　浮绠

彩图38　橛缆

彩图39　翻转式全浮动筏架

彩图40　晒网

彩图41　黄斑病

彩图42　坛紫菜赤腐病

彩图43　正常坛紫菜（上）与癌肿病坛紫菜（下）对比

彩图44 防篮子鱼的塑料网

彩图45 坛紫菜收割机器（左）和工作照片（右）

彩图46 洗菜

彩图47　切割机

彩图48　条斑紫菜自然生长（青岛）

彩图49　条斑紫菜
自然种群叶状体形态
1.山东青岛　2.山东
砣矶岛　3.浙江东极岛

1　　　　2　　　　　　3

彩图50　条斑紫菜养殖种群叶状
体形态

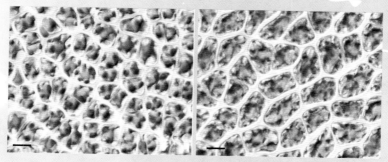

彩图51 条斑紫菜藻体营养细胞显微观（标尺示10微米）

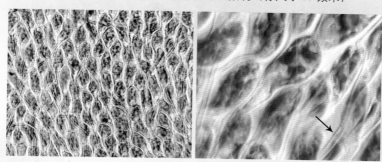

彩图52 条斑紫菜藻体基部细胞及基部细胞伸出的假根丝（标尺示10微米）

1.基部细胞（×20） 2.基部细胞伸出的假根丝（×100）

彩图53 条斑紫菜贝壳丝状体

彩图54 条斑紫菜自由丝状体

彩图55　条斑紫菜营养藻丝细胞（箭头示纹孔连丝）

彩图56　条斑紫菜孢子囊枝细胞（箭头示纹孔连丝，标尺示10微米）

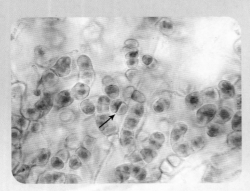

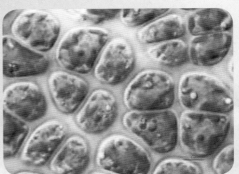

彩图57　条斑紫菜壳孢子囊（箭头示双分）

彩图58　条斑紫菜藻体营养细胞显微观（×100）

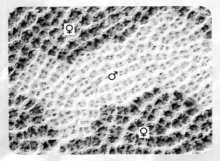

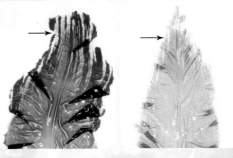

彩图59　条斑紫菜藻体雌雄生殖细胞混生显微观（×40）

彩图60　藻体成熟时雌雄生殖细胞形成镶嵌状条纹（箭头所示）

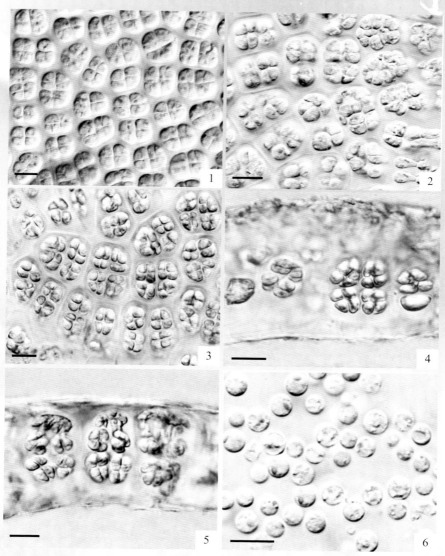

彩图61　条斑紫菜雄性生殖细胞成熟分裂表面、切面观及精子细胞（标尺示10微米）

1～3.雄性生殖细胞成熟分裂表面观　4～5.雄性生殖细胞成熟分裂切面观　6.精子细胞

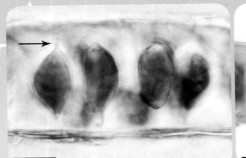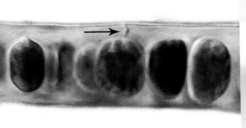

彩图62　条斑紫菜果胞形成原始受精丝（标尺示10微米）

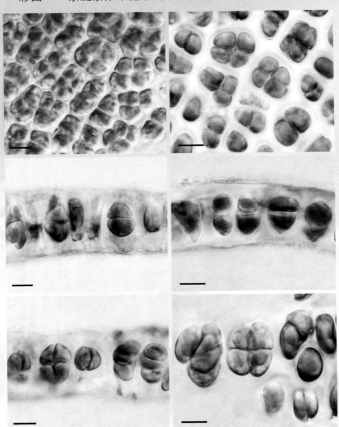

彩图63　条斑紫菜藻体雌性生殖细胞成熟分裂观察（标尺示10微米）

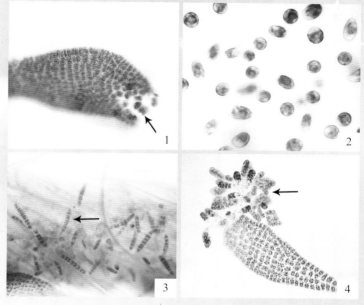

彩图64　条斑紫菜幼苗期大量形成并放散单孢子

1.幼苗前端形成并放散单孢子　2.放散出的单孢子　3.单孢子萌发形成叶状体　4.单孢子萌发的幼苗又可形成放散单孢子

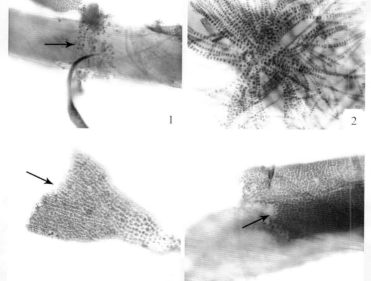

彩图65　条斑紫菜幼苗单孢子放散

1.栽培网上的幼苗前端形成囊袋样，正在大量放散单孢子　2.单孢子萌发形成的"簇状"幼苗群　3、4.栽培网上的幼苗大量放散单孢子后形成平直状或半截状藻体的状态

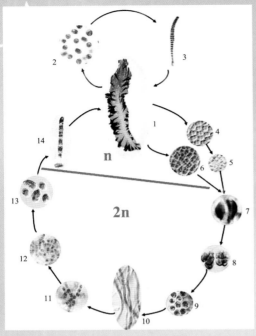

彩图66　条斑紫菜生活史

1.叶状体　2.单孢子　3.单孢子萌发的幼苗　4.精子囊器　5.精子　6.果胞　7.受精卵　8.果孢子囊　9.果孢子　10.丝状藻丝　11.孢子囊枝　12.壳孢子囊形成与壳孢子放散　13.壳孢子　14.壳孢子萌发的幼苗

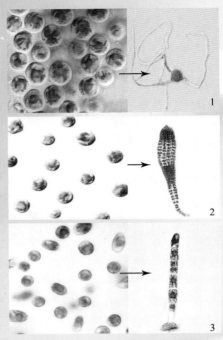

彩图67　条斑紫菜果孢子、壳孢子和单孢子萌发的结果

1.条斑紫菜果孢子(2n)萌发形成丝状体(2n)　2.条斑紫菜壳孢子(2n)萌发形成嵌合的叶状体(n)　3.条斑紫菜单孢子(n)萌发形成具同一遗传性状的叶状体(n)

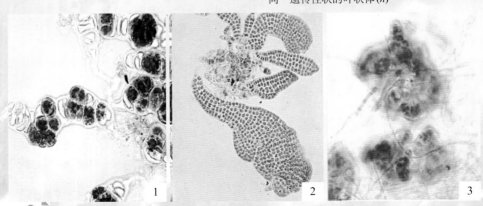

彩图68　条斑紫菜叶状体组织培养

1.组织培养形成孢子囊　2.组织培养形成叶状体　3.组织培养形成丝状体

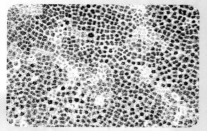

彩图69 条斑紫菜叶状体诱变后形成的突变色素斑块

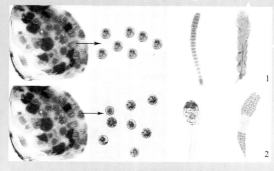

彩图70 条斑紫菜丝状体诱变结果

1.丝状体诱变后藻丝直接发生突变形成绿色丝状体（箭头所示），其子代叶状体与丝状体属同一突变型，都为绿色，没有性状分离 2.丝状体诱变后为隐性突变，藻丝及成熟后产生的壳孢子都为野生型颜色（箭头所示），但壳孢子萌发后，突变性状会随最初的细胞分裂而分离表达，子代叶状体一般为野生型与突变型嵌合体

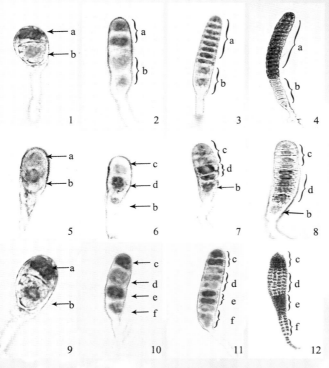

彩图71 条斑紫菜壳孢子萌发与嵌合色素块形成的连续过程

1.壳孢子第1次横裂形成2个细胞a和b 2.第2次分裂形成4个细胞，2a、2b 3、4.由a、b细胞分裂形成2色块的多细胞幼苗 5.壳孢子第1次横分裂形成2个细胞a和b 6.第2次分裂b细胞没有分裂，a细胞分裂形成c、d2个细胞 7.b细胞仍然没有分裂，c、d分裂各自形成2个细胞 8.b细胞没有分裂，逐渐成为基部细胞，其余细胞分裂形成3色块的多细胞幼苗 9.壳孢子第1次横分裂形成2个细胞a和b 10.第2次分裂a细胞分裂形成c、d2个细胞，b细胞分裂形成e、f2个细胞 11、12.由c、d、e、f细胞分裂形成4色块的多细胞幼苗

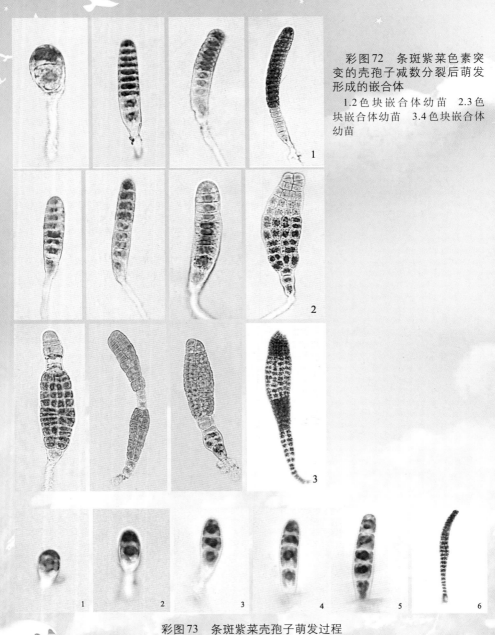

彩图72　条斑紫菜色素突变的壳孢子减数分裂后萌发形成的嵌合体

1. 2色块嵌合体幼苗　2. 3色块嵌合体幼苗　3. 4色块嵌合体幼苗

彩图73　条斑紫菜壳孢子萌发过程

1. 条斑紫菜壳孢子萌发拉长　2. 壳孢子细胞经过第1次横分裂形成2细胞苗　3. 壳孢子第2次分裂形成3细胞苗　4. 壳孢子第2次分裂形成4细胞苗　5. 5细胞壳孢子苗　6. 壳孢子幼苗

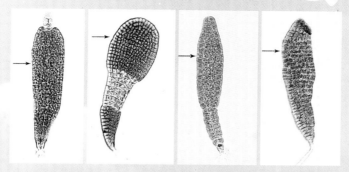

彩图74 具有生长优势的细胞是叶状体形成的主要贡献者
箭头示生长优势配子

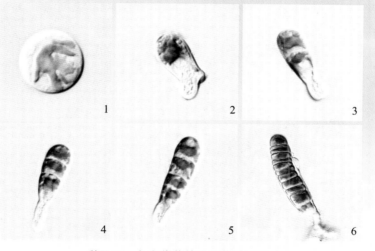

彩图75 条斑紫菜单孢子萌发过程

1.条斑紫菜单孢子 2.单孢子萌发拉长 3.单孢子细胞横分裂形成2细胞 4.单孢子横分裂形成3细胞苗 5.单孢子横分裂形成4细胞苗 6.单孢子幼苗

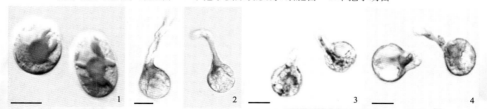

彩图76 条斑紫菜果孢子萌发（标尺示10微米）

1.放散出的果孢子 2.果孢子伸出萌发管 3.细胞原生质开始流入萌发管 4.果孢子形成豆芽状萌发体

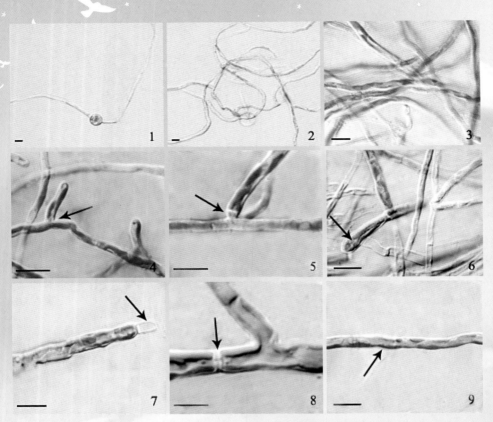

彩图77　条斑紫菜丝状藻丝生长（标尺示10微米）

1、3.果孢子萌发形成丝状藻丝　4、5.丝状藻丝侧枝生长　6、7.丝状藻丝顶端生长　8.丝状藻丝细胞间具纹孔连丝　9.丝状藻丝细胞色素体侧生带状

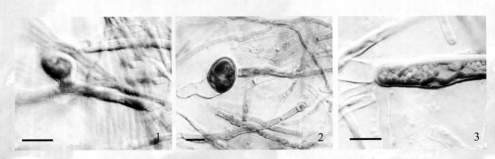

彩图78　丝状藻丝发育形成孢子囊枝细胞的方式（标尺示10微米）

1.丝状藻丝侧枝形成孢子囊枝细胞　2.丝状藻丝顶端形成孢子囊枝细胞　3.丝状藻丝细胞直接增粗形成孢子囊枝细胞

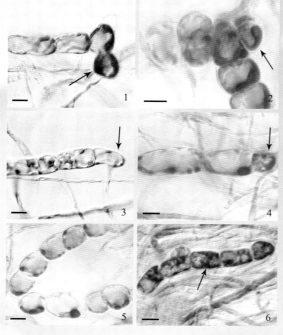

彩图79　条斑紫菜孢子囊枝及生长方式（标尺示10微米）

1、2.孢子囊枝细胞侧枝生长　3、4.孢子囊枝细胞顶端生长　5.孢子囊枝细胞　6.孢子囊枝细胞星状色素体

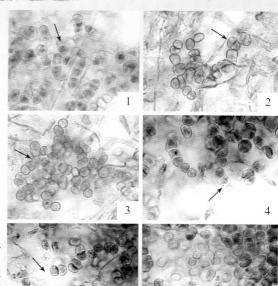

彩图80　条斑紫菜壳孢子囊形成及壳孢子排放

1.形成壳孢子囊枝　2.壳孢子囊枝"双分"现象　3.成熟待放散的壳孢子　4.壳孢子囊枝形成排放管状　5.壳孢子从开口处排出　6.壳孢子排出后的空囊

彩图81 各种条斑紫菜种藻

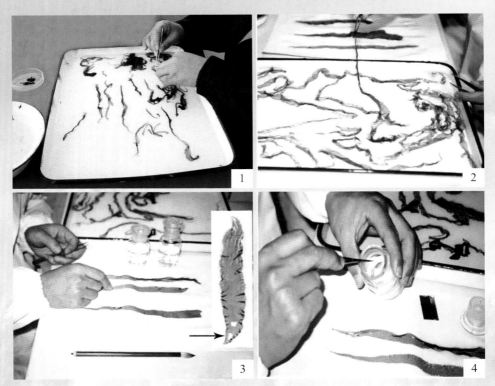

彩图82 条斑紫菜种质制备操作

1.根据育种目的进行种藻挑选 2.对挑选的种藻进行长度、宽度、厚度等测定 3.从种藻上切取组织片 4.将切取的组织微片放入培养瓶中培养

彩图83　小型试剂瓶、三角烧瓶或培养皿培养切片组织

彩图84　紫菜育种组织培养

彩图85　条斑紫菜保存丝状体种质（左为固相保存，右为液相保存）

彩图86　条斑紫菜丝状体种质一级保存

彩图87　组织培养获取的种质丝状体

彩图88　条斑紫菜丝状体二级培养

彩图89　条斑紫菜丝状体扩增培养

彩图90　条斑紫菜"苏通1号"藻体

左为条斑紫菜"苏通1号"叶状体，右为对照叶状体

彩图91　条斑紫菜"苏通2号"藻体

左为条斑紫菜"苏通2号"叶状体，右为对照叶状体

彩图92　条斑紫菜育苗室

彩图93　条斑紫菜育苗室进
排水设计

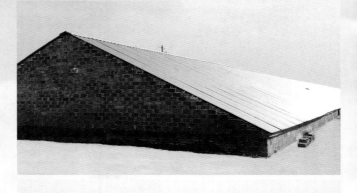

彩图94　育苗用海水沉
淀池

彩图95　条斑紫菜育苗室已经使用的温控设施

彩图96　条斑紫菜丝状体培育附着基质及平养模式场景

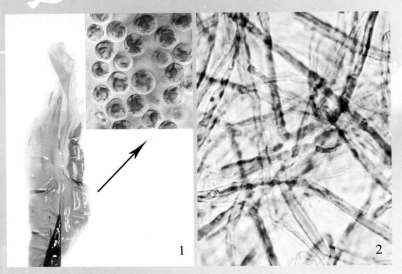

彩图97　条斑紫菜接种贝壳的种子来源
1．通过采集种藻收集成熟果孢子　2．应用条斑紫菜自由丝状体

彩图98　条斑紫菜果孢子采苗操作流程

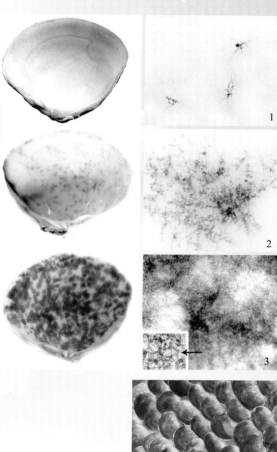

彩图99 条斑紫菜贝壳丝状体丝状藻丝生长情况

1.果孢子采苗20多天后贝壳初现藻落,示贝壳初萌发像雪花似的藻落的显微观 2.藻落逐渐变大,显微观示贝壳表面藻落分枝增加 3.进入7月,藻落基本布满贝壳,贝壳表面显微观藻落分枝密集,溶壳检查丝状藻丝出现不定形细胞(箭头所示)

彩图100 条斑紫菜贝壳丝状体孢子囊枝生长情况

1.8月下旬开始是育苗生产中孢子囊枝分枝大量集中形成的适宜时间,藻落基本布满贝壳 2.溶壳检查显示,不定形细胞逐渐形成孢子囊枝细胞 3、4.溶壳检查显示孢子囊枝细胞开始成串,并逐渐形成孢子囊枝细胞群

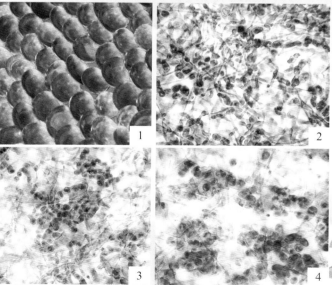

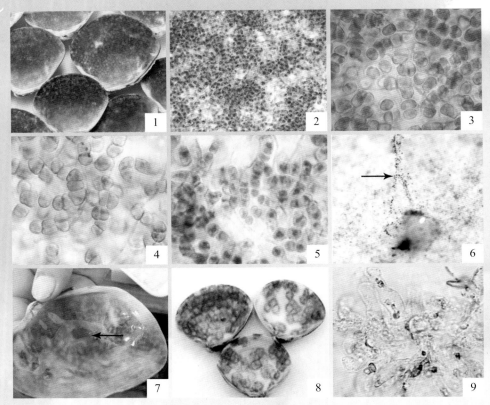

彩图101　条斑紫菜贝壳丝状体壳孢子囊枝形成及壳孢子放散情况

1.9月上中旬，种苗培育进入后期，贝壳丝状体开始成熟，大量形成壳孢子时，肉眼可见壳面的藻落出现浅褐色的圆形斑块　2.溶壳检查孢子囊枝形大量形成　3、4.只要出现降温的条件，成熟的孢子囊枝就能完成分裂形成壳孢子囊，溶壳检查可见许多已经"双分"、色素弥散、金黄色的壳孢子（箭头所示）　5.壳孢子形成后，孢子囊枝的细胞横壁融解、消失，整个藻枝成为孢子管，壳孢子从孢子囊枝顶端细胞壁融解形成不定形的放散孔中依次逸出　6、7.在壳孢子大量放散期间，可观察到贝丝状体壳面有壳孢子伴随着黏液释放，在壳面形成暗红色的黏丝（箭头所示）　8.大量放散后壳面呈现淡色斑点　9.溶壳检查可见残留的壳孢子空囊

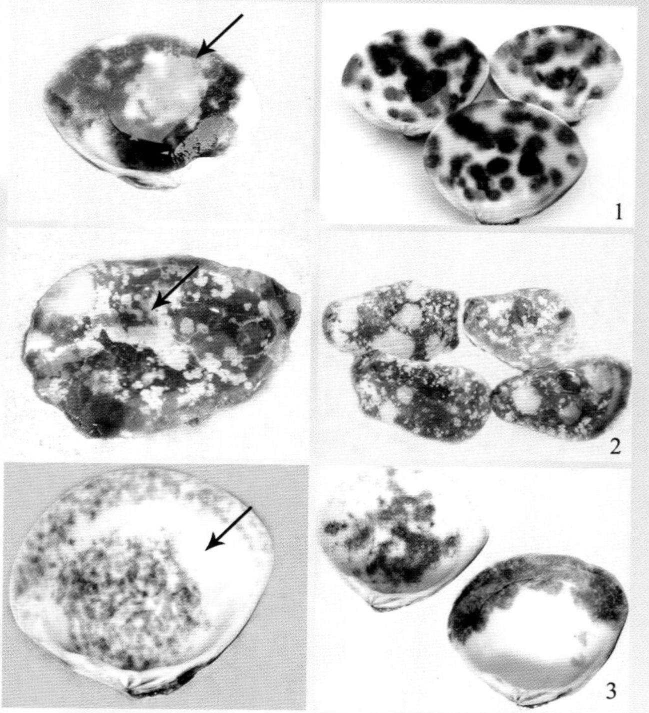

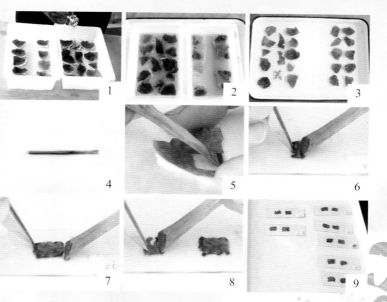

彩图102 条斑紫菜贝壳丝状体培养期间常见病害

1.泥红病贝壳 2.黄斑病贝壳 3.白斑病贝壳

彩图103 贝壳丝状体溶壳检查操作过程

1.敲取检查贝壳，加入柏兰尼液溶壳剂 2.溶壳10～15分钟 3.取出贝壳放入清水中 4.刮取丝状体竹片 5、9.刮下藻丝层，平铺在载玻片上，盖上盖玻片，在显微镜下观察

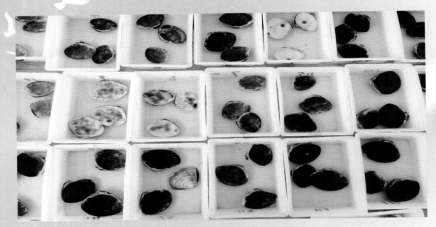

彩图104　贝壳丝状体放散量检查操作

彩图105　条斑紫菜壳孢子采苗（水泵冲水式）

1、2.壳孢子采苗方法为室内水泵冲水式采苗法，通常每100米²育苗池配水泵动力1.5～2千瓦　3、4.采苗时的池水深度一般为15厘米左右，把需附苗网帘均匀铺放在贝壳上面。铺网帘一般在6：00—7：00进行。网帘的铺放密度以维尼纶和聚乙烯混纺的网帘为例，每平方米平养贝壳一次可以铺放30～40米²网帘，壳孢子放散量达到高峰时可调整至50米²左右

彩图106 条斑紫菜壳孢子附苗情况取样检查操作

1、2.采苗池中网帘壳孢子的附着密度检查取样 3.维尼纶散头附苗检查取样,平均每厘米单丝上有50～100个附着萌发的壳孢子为宜 4.网线附苗检查取样,直接剪取网线检查,附苗以显微镜视野(10×10)有5～10个为宜

彩图107 条斑紫菜壳孢子采苗生产场景

彩图108　半浮动筏式养殖模式生产场景

1、2.半浮动筏式养殖海区设置示意图　3.退潮时筏架借助短支腿架站立在滩涂　4.涨潮时筏架漂浮在海面　5.半浮动筏式海区养殖生产场景

彩图109　支柱式养殖模式生产场景图

1、2.支柱式养殖海区设置示意图　3、4.支柱式养殖海区生产场景　5、6.支柱式养殖海区干出场景

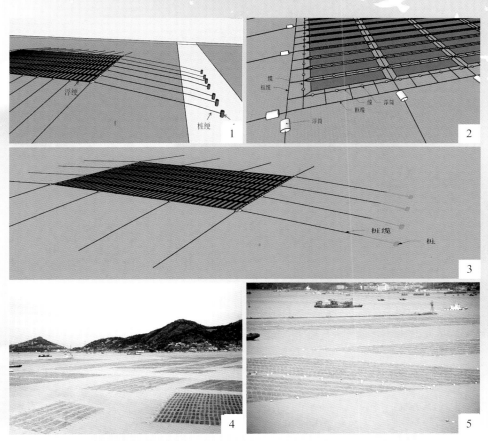

彩图110 全浮动筏式养殖模式生产场景

1～3. 全浮动养殖海区设置示意图 4、5. 全浮动养殖海区生产场景

彩图111 全浮翻板式养殖模式

彩图112　条斑紫菜出苗期管理生产场景

1.潮间带半浮动筏式出苗　2.条斑紫菜壳孢子苗网下海3天内保湿决定了壳孢子苗的萌发存活率，生产中会采用将筏架的支腿去掉，减少干出时间的方法来提高壳孢子苗存活率　3.生产上苗网下海是采用3～5片网为1组，重叠挂在网位上集中出苗，有利于保湿和集中管理　4.潮间带集中出苗与干出管理　5、6.通常养殖条件合适的海区，苗网下海10～15天后肉眼可见暗红色的小苗

彩图113　条斑紫菜幼苗生长及苗量统计操作

1～4.剪取网线　5、6.将网线单丝拆开平铺在载玻片上，在显微镜下观察幼苗生长情况及苗量统计

彩图114　条斑紫菜冷藏网操作

彩图115　条斑紫菜原藻采收生产场景

　　1、2.条斑紫菜人工采收场景图　3、4.适合小面积栽培的小型采收机器　5、6.半浮动筏式养殖采收场景　7、8.支柱式养殖采收场景

彩图116　条斑紫菜原藻运输及存放

　　1、2.新鲜的原藻是加工高品质产品的保证，采摘后的原藻需尽快运送到加工厂，原藻采收运输场景　　3、4.原藻运至加工厂后，需晾在专设的晾菜间和专用的晾菜架上，应24小时内加工完毕以防质量下降，示晾菜间　　5、6.将原藻放入有清洁低温海水的暂养池，机械搅拌待用

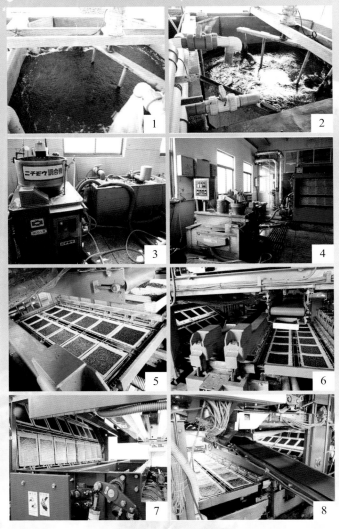

彩图117 条斑紫菜原藻加工流程

1、2.洗菜，原藻入洗菜机，用经沉淀、水温5～15℃、盐度15～25的海水洗涤至无泥沙 3、4.切菜，根据采收原藻的质地选择、调整切菜机切刀型号，保证加工工艺要求及产品的光泽 5、6.浇饼与脱水，根据制品厚薄的要求，在调和器中将菜水按比例混合均匀 7.烘干，温度应根据加工车间的结构、原藻质量、生产季节等设定 8.剥菜，为原藻加工的最后一道工序。应根据原藻质量、制饼片张厚薄及其干燥程度等仔细调整

彩图118 条斑紫菜原藻加工的分级、再干和包装储存

1、2.分级，按照干紫菜标准中有关各产品等级的要求进行分级 3、4.再干，从全自动加工机烘剥离的干紫菜含水率为8%～10%，需用热风干燥机进行二次干燥，使含水率下降到3%～5%，以便保存 5、6.包装，再干结束后要及时包装、装箱，尽量减少与空气的接触，以免受潮

彩图119　条斑紫菜干紫菜交易市场及交易场景

彩图120　条斑紫菜食品加工

彩图121　各种条斑紫菜食品